AF464379

RECHERCHES
SUR L'IDENTITÉ
DES FORCES CHIMIQUES
ET ÉLECTRIQUES.

Les formalités ayant été remplies, conformément au décret du 5 février 1810, tout contrefacteur ou débiteur du présent ouvrage contrefait sera poursuivi selon la rigueur des lois.

Dentu

MOYEN DE PARVENIR *en littérature*, ou *Mémoire à consulter* sur une question de *propriété littéraire*, dans lequel on *prouve* que le *sieur* MALTE-BRUN, *se disant Géographe danois*, a copié *littéralement* une grande partie des OEuvres de MM. LACROIX, PINKERTON, WALCKENAER, ainsi qu'une partie de celles de MM. GOSSELLIN, PUISSANT, LANGLÈS, SOLVYNS, etc.! etc.! et les a fait *imprimer* et *débiter* sous son nom; et dans lequel on discute cette question importante pour le commerce de la librairie : « Qu'est-ce qui distingue le *plagiaire-copiste* du simple *contrefacteur*; et jusqu'à quel « point le premier peut-il être regardé comme devant encourir la « peine portée par la loi contre le dernier? » Par JEAN-GABRIEL DENTU, Imprimeur-Libraire; 1 vol. in-8° de 200 pages, grande justification; deuxième édition, augmentée d'un grand nombre d'articles nouveaux, copiés de la Géographie de Pinkerton.

Extrait de l'Arrêt de la Cour impériale de Paris, du 25 avril 1812, rendu dans l'affaire de J. G. Dentu, *contre le sieur* Malte-Brun, *Danois, un des collaborateurs du Journal de l'Empire.*

DISPOSITIF.

LA COUR, etc., considérant que s'il est constant que les auteurs de la Géographie universelle ont pris dans la traduction de la Géographie de Pinkerton, par Walckenaer, *un très-grand nombre de passages qu'ils ont littéralement transcrits dans leur ouvrage*; et que s'il est également constant que Malte-Brun, auteur du Précis de la Géographie universelle, ait pris dans l'Introduction à la Géographie de Pinkerton, par Lacroix, *un nombre plus grand encore de passages qu'il a littéralement et servilement copiés dans son Précis, dans l'intention de se les approprier*; ces *plagiats*, quelque nombreux qu'ils soient, ne constituent pas néanmoins le délit de contrefaçon prévu par les lois; déboute ledit Dentu, et le condamne aux dépens.

Le sieur *Malte-Brun* a demandé à la Cour de Cassation que l'arrêt qui le déclare *plagiaire* et *copiste servile* fût confirmé : la Cour de Cassation a confirmé l'arrêt.

RECHERCHES

SUR L'IDENTITÉ

DES FORCES CHIMIQUES

ET ÉLECTRIQUES.

PAR Mr H. C. ŒRSTED,

Professeur à l'Université royale de Copenhague, et membre de la Société royale des Sciences de la même ville, etc.

TRADUIT DE L'ALLEMAND

PAR Mr MARCEL DE SERRES,

Ex-inspecteur des arts et manufactures, et professeur de la Faculté des Sciences à l'Université impériale; de la Société philomatique de Paris, etc.

PARIS,

J. G. DENTU, IMPRIMEUR-LIBRAIRE,

Rue du Pont de Lodi, no 3, près le Pont-Neuf.

1813.

AU

CÉLÈBRE AUTEUR

DE LA STATIQUE CHIMIQUE,

M. LE SÉNATEUR, COMTE

BERTHOLLET,

GRAND-OFFICIER DE LA LÉGION D'HONNEUR

ET DE LA COURONNE DE FER,

GRAND-CORDON DE L'ORDRE DE LA RÉUNION,

MEMBRE DE L'INSTITUT, etc.

HOMMAGE DE GRATITUDE ET DE RESPECT,

MARCEL DE SERRES.

PRÉFACE

DU TRADUCTEUR.

A MESURE que les sciences font des progrès, que les observations se multiplient, que les faits s'accumulent et sont rassemblés avec soin, on sent la nécessité d'arriver jusqu'aux lois générales, qui amènent à de nouvelles découvertes, en permettant de deviner les faits *à priori*. C'est ainsi que toutes nos théories et tous nos systèmes ont été créés, et ont élevé au rang des sciences des observations éparses, qui n'auraient eu aucune importance si des principes généraux n'avaient fait sentir toutes les conséquences que l'on pouvait en déduire.

La tendance naturelle de notre esprit à généraliser, ainsi qu'à s'élever jusqu'aux théories qui permettent de saisir l'ensemble des phénomènes, peut bien à la vérité nous égarer; mais cela ne peut être vrai que lorsqu'on suit une marche opposée à l'esprit des sciences d'observation. Ainsi l'on prend toujours une fausse route lorsqu'on veut en premier lieu arriver aux causes des phénomènes; car ce n'est qu'après en avoir reconnu les lois qu'il est possible d'en déduire les causes. Cette marche est aussi la seule qui puisse être confirmée par l'expérience, et celle qu'ont suivie les inventeurs des bonnes théories qui, en déterminant certaines lois, ont préparé toutes nos découvertes.

Cette vérité semble avoir été bien sentie par l'auteur de ce traité; et en effet, sa doctrine n'est en quelque sorte qu'une nouvelle manière d'envisager les faits et de les lier entr'eux.

L'auteur a donc ainsi obtenu l'avantage de ne point renverser l'ordre des faits adopté dans les théories généralement admises, mais seulement de donner plus d'étendue aux vues théoriques qu'on peut se permettre en chimie.

La chimie peut être regardée comme une des plus nouvelles des sciences d'observation, car ce n'est que depuis le dernier siècle qu'on peut la compter au rang des sciences exactes. Peut-être de toutes nos connaissances, elle est celle où les théories ont fait faire le plus de progrès. Cependant la grande importance qu'on a d'abord attribuée aux affinités pour expliquer les combinaisons chimiques, a bien été utile pendant un certain temps à l'avancement de la science; mais on avait trop particularisé cette idée pour que cette manière de considérer les phénomènes ne fût un obstacle à de nouveaux progrès, si un homme de génie n'avait fait connaître toutes les circonstances qui pouvaient modifier les forces des affinités. Ainsi M. Berthollet en considérant la chimie sous le point de vue le plus élevé, modifia les théories admises en démontrant combien elles étaient peu d'accord avec l'expérience. La statique chimique produisit donc non-seulement un grand changement dans cette science, mais elle prépara encore les découvertes auxquelles on est arrivé en suivant les principes développés dans cet ouvrage immortel.

Ce sont ces découvertes et celle de la pile galvanique qui ont porté l'auteur de cet ouvrage à quelques nouvelles observations sur les lois des combinaisons. Ainsi il a pensé qu'on pouvait voir dans l'action mutuelle des corps les uns sur les autres, le résultat de forces encore plus généralement répandues que les affinités elles-mêmes. Son principal but a donc été de prouver qu'il était possible de concevoir les phénomènes chimiques comme résultans de deux forces généralement répandues dans tous les corps.

Pour y parvenir, l'auteur de ce traité n'a point supposé des forces arbitraires; il s'est, au contraire, borné à considérer celles dont les effets nous sont rendus sensibles par les actions électriques, comme des forces générales. En n'admettant ainsi qu'une cause unique et aisée à démontrer par les phénomènes eux-mêmes, il a cru avoir rempli la première règle que Newton a tant recommandée dans ses principes de philosophie.

Le savant professeur voyant ces forces se manifester dans tous les corps où l'équilibre électrique est troublé, et les corps en posséder une quantité inépuisable, il en a conclu que ces forces étaient universelles, et que la propriété qu'ont les corps de devenir électriques par rupture de leur équilibre intérieur, étant commune à tous, et n'éprouvant jamais de diminution, doit, selon la troisième règle newtonienne, être considérée comme une propriété générale. Ainsi cette propriété est pour la chimie, ce que la mobilité est pour la mécanique.

Pour donner plus de force à sa démonstration de l'identité des forces chimiques et électriques, l'auteur cherche à prouver cette proposition fondamentale de sa théorie par deux méthodes absolument différentes. Les faits l'amènent d'abord à reconnaître que toutes les actions chimiques sont produites par deux forces qui se détruisent mutuellement. Ces forces lui semblent ainsi opposées dans le même sens que les forces électriques ou mécaniques qui se balancent. Il indique ensuite dans quel état ces forces produisent une certaine attraction entre l'oxigène et les corps combustibles, et dans quel autre elles opèrent les mêmes effets que les affinités entre les acides et les alcalis. L'état d'expansion qu'il observe dans les corps où l'une des forces est en excès, et la contraction qui accompagne en général les combinaisons produites par des forces opposées très-énergiques, le portent à conclure que chaque force agit par elle-même comme expansive; mais que quand elles agissent l'une sur l'autre, elles opèrent une contraction. L'expansion n'a lieu que par une sorte de répulsion entre les molécules, tandis que la contraction résulte de l'attraction mutuelle de ces mêmes molécules.

Les deux forces chimiques ont donc la même loi fondamentale que les forces électriques. Il déduit encore de la nature de ces forces, qu'une combinaison formée par trois corps, dont chacun a un point de contact avec les deux autres, exercent une plus grande action chimique que hors de cette combinaison. La séparation des forces chimiques est en même temps plus parfaite, et c'est aussi les phénomènes principaux que nous avons reconnus à l'aide du galvanisme. Après avoir ainsi étudié les effets chimiques jusqu'au point où leurs forces se manifestent dans l'état électrique, l'auteur passe à l'autre démonstration de sa théorie.

Il examine d'abord les diverses conditions nécessaires pour les effets électriques. Il montre ensuite comment les forces électriques qui, dans leur état le plus libre, ne produisent par leur attraction mutuelle, et par une suite des lois de la transmission, que des attractions et des répulsions, peuvent devenir latentes et donner lieu à des actions chimiques. Les lois qu'il admet pour expliquer ces effets, supposent encore que les plus grandes actions chimiques sont produites par l'électricité par contact; et la théorie se trouve aussi d'accord avec l'expérience. Enfin l'attraction du conducteur positif de la pile pour l'oxigène et les acides, et du conducteur négatif pour les corps combustibles et les alcalis, est encore une nouvelle preuve de l'identité des forces chimiques et électriques.

L'auteur applique également sa théorie aux phénomènes de la chaleur. On savait depuis long-temps que l'électricité développait de la chaleur;

mais on n'avait nullement songé à en déterminer les conditions. M. Œrstedt paraît avoir observé le premier, après un grand nombre d'expériences, qu'il y a toujours production de chaleur lorsque l'équilibre des deux forces universelles est troublé dans les molécules mêmes des corps. Cette rupture d'équilibre intérieur est opérée par transmission forcée d'une très-grande quantité d'électricité, soit par un choc très-violent, soit enfin par un grand frottement. Elle a également lieu dans toutes les combinaisons chimiques très-énergiques, comme dans celle qui s'opère entre l'oxigène et les corps combustibles, ou entre les acides et les alcalis, dont les composés ont toujours une température élevée jusqu'à ce qu'ils se soient mis en équilibre avec les corps environnans. Cette élévation de température a même lieu lorsque des gaz se dégagent, ou qu'un corps solide passe à l'état liquide, ce qui ne devrait pas cependant arriver d'après la théorie généralement adoptée. Sans suivre l'auteur dans tous les détails qu'il nous donne à ce sujet, remarquons seulement que les changemens de température qui se manifestent dans les passages des corps à une cohésion ou à une densité différente, s'expliquent assez bien dans sa théorie, et cela par la liaison de ces phénomènes avec les changemens de faculté conductrice qui les accompagne.

La lumière paraît encore, à notre auteur, produite par les mêmes forces que la chaleur. On pouvait le présumer en quelque sorte, en voyant la chaleur portée à un très-haut point, se changer en lumière, comme lorsque celle-ci était absorbée, ne plus se manifester que comme chaleur. La production de lumière qui a eu lieu même dans le vide par la réunion des deux forces et l'oxidation, comme la désoxidation des corps opérée par la lumière elle-même, semblent confirmer cette manière de voir.

Après avoir terminé ces recherches, l'explication des phénomènes de la combustion, quoique envisagée d'une manière plus générale qu'on ne le fait ordinairement, ne lui paraît plus difficile à concevoir. Enfin pour prouver la généralité de ces forces, l'auteur jette un coup-d'œil rapide sur quelques phénomènes magnétiques, et sur quelques-uns qui dépendent de l'organisation, moins pour les expliquer que pour y découvrir les effets des forces universelles. Les propriétés les plus générales des corps, comme l'étendue, l'impénétrabilité, la cohésion, lui semblent encore résulter de ces deux forces, ce qui est une preuve de plus de leur universalité.

L'ouvrage sur la théorie électro-chimique renferme encore des recherches curieuses sur la méthode à suivre en chimie dans la classification des corps. Dans cette partie de son travail, l'auteur cherche à démontrer que la division fondamentale des corps inorganiques doit comprendre trois séries d'affinités, ou, ce qui revient au même, trois séries de degrés différens de composition. Les affinités considérées comme le principal caractère extérieur, et la composition comme le principal intérieur, devant servir de base à toute la division.

L'ouvrage dont nous venons de donner un léger aperçu, semble nous faire un devoir de parler de la méthode que suivent maintenant les Allemands dans la culture des sciences. Nous le devons d'autant plus, qu'un grand nombre de lecteurs pourraient bien se prévenir contre ce traité en le considérant comme purement théorique, et en pensant également que l'auteur ne s'est pas appuyé sur les bases certaines de l'expérience.

Depuis peu on a fait aux Allemands le reproche très-grave de vouloir porter dans les sciences les spéculations, et pour ainsi dire les rêves d'une imagination exaltée. De même on a cru remarquer que ces peuples comme tous ceux dont les langues étaient le moins fixées, s'étaient le plus égarés dans les idées abstraites et métaphysiques, et dans toutes celles qui dépendent des seules forces de l'esprit. Ces reproches sont certainement d'une trop grande sévérité. Il faut seulement avouer que la philosophie connue en

Allemagne sous le nom de philosophie de la nature (natur philosophie), et qui règne dans quelques parties de cette contrée, ne pourra avoir qu'une influence très-funeste sur les sciences, sur-tout sur celles d'observation; car toutes les fois qu'on ne partira pas de l'expérience pour arriver à des idées générales, on risquera toujours de s'égarer. Mais est-il également vrai que parce que les Allemands possèdent une langue où il est permis de former de nouveaux mots, et de les transposer avec la plus grande liberté, ces peuples se sont le plus égarés dans les idées indépendantes? Il n'en est pas en effet des sciences physiques comme des sciences morales, puisque les idées morales ne peuvent guère varier ni éprouver de grands changemens; tandis que celles adoptées aujourd'hui en physique ne le seront plus demain, et peut-être même on en aura d'entièrement différentes. Ces idées exigeront nécessairement de nouvelles expressions; et ne pouvoir les créer lorsque le besoin l'exige, est un obstacle qui ne peut que retarder la marche des sciences. En effet, les expressions sont au discours ce que les formules sont à l'algèbre; et forcer le mathématicien à se restreindre dans des règles de pure convention, ce serait à-la-fois ralentir sa marche et l'empêcher de faire des découvertes. Ainsi, nous dont l'idiome se prête le moins aux changemens et aux innovations, avons-nous emprunté des langues anciennes la plupart des expressions que nous employons dans les sciences; et sans leur secours aurions-nous jamais pu former toutes nos nomenclatures, dont l'influence a été si puissante sur les progrès de nos connaissances?

Ces faits peuvent donc faire penser que les langues faciles à manier sont loin d'être un obstacle aux progrès des sciences, sur-tout à ceux des sciences naturelles, sciences parmi lesquelles nous comprenons la physique et la chimie; et que si ces langues ont quelque influence à cet égard, cette influence ne peut que leur être favorable. C'est aussi ce que prouve l'histoire des sciences dans les temps modernes, et certes les Allemands ne sont pas les peuples auxquels l'histoire naturelle doive le moins de ses progrès. On peut seulement observer que les peuples dont la langue était facile à manier, ont eu un grand nombre d'écrivains, et qu'en même temps les idées ont dû s'étendre, et enfin les spéculations s'établir. Dès-lors il en est résulté de nouvelles difficultés pour démêler la vraie route à suivre, et pour ne point se détourner de la marche rigoureuse de l'expérience. Aussi c'est peut-être le seul désavantage que présente pour les progrès des sciences une langue qui n'est pas encore fixée; mais il n'en est pas de même de l'influence qu'elle peut avoir sur la culture des lettres et sur la philosophie, où le style est d'une bien autre importance.

Si nous nous sommes permis d'entrer dans une discussion qui semble étrangère à notre sujet, c'est afin de prévenir ceux qui, en jetant les yeux sur cet ouvrage, pourraient croire que l'auteur s'est laissé aller à de trop subtiles spéculations. Quoiqu'il ne nous appartienne point de décider si toutes les théories qu'il propose sont fondées, nous croyons du moins pouvoir assurer que l'auteur a toujours cherché à les déduire de faits bien connus et d'expériences dont l'exactitude ne peut être contestée. C'est même pour éviter toute discussion à ce sujet qu'il en a rapporté dans son ouvrage un si petit nombre qui lui soient particulières. L'on ne pourra du moins s'empêcher d'avouer que le *Traité des lois chimiques*, en portant l'attention sur des objets du plus haut intérêt, présente un but d'utilité réelle; et lorsqu'on s'élève aussi haut, il est difficile de ne point porter ses regards sur des questions qu'il ne nous est point encore permis de résoudre.

Il ne nous reste plus qu'à dire un mot de cette traduction, qui est assez différente de l'original allemand. Je n'aurais probablement jamais songé à l'entreprendre, si mes liaisons avec l'auteur ne m'avaient mis à même de discuter avec lui certains points qui, par leur importance, me semblaient mériter d'être mieux éclaircis. Mais l'auteur ne s'est pas même contenté de ce premier travail, il a cru devoir me communiquer quelques nouvelles recherches; en sorte que cette traduction est un ouvrage presque entièrement nouveau. Je ne puis enfin laisser ignorer tous les efforts que j'ai faits pour donner à ce traité toute la clarté et la précision qu'exige notre langue; et si, malgré tous mes soins, je parais encore loin de mon but, on m'accordera peut-être quelque indulgence, en considérant qu'il n'était guère possible de donner à un ouvrage aussi profond la clarté d'un livre élémentaire. Puissent du moins ceux qui s'intéressent aux progrès des sciences et qui les cultivent pour elles-mêmes, nous savoir gré de nos efforts! nous obtiendrons ainsi la seule récompense à laquelle nous attachions quelque prix.

RECHERCHES

SUR L'IDENTITÉ

DES FORCES CHIMIQUES

ET ÉLECTRIQUES.

INTRODUCTION.

Jusqu'à présent on s'est presque toujours borné dans les recherches en chimie à ramener tous les effets à l'action des affinités, comme à la dernière limite à laquelle on pût atteindre. On assigna donc en quelque sorte un grand nombre de causes inconnues aux divers effets chimiques ; mais c'est une suite naturelle de la marche des sciences, qu'on ne fixât d'abord son attention que sur ce que ces affinités ont de particulier. Les connaissances sur cet objet que nous devons aux efforts d'un grand nombre de savans estimables, signaleront le dix-huitième siècle dans les annales des sciences. Mais la chimie ne parut pas encore assez avancée pour permettre des recherches approfondies sur les affinités en général; car telle est la nature des actions chimiques, que quoiqu'elles produisent sous nos yeux les phénomènes les plus étonnans, tantôt en transformant en corps solides des matières presque imperceptibles, tantôt en rendant liquides les corps les plus durs, ou même en les réduisant en vapeurs, néanmoins les forces qui produisent tous ces effets échappent à notre vue.

C'est pourquoi la partie chimique des sciences naturelles est encore loin d'avoir atteint la perfection à laquelle est parvenue leur partie mécanique, et ne peut pas, comme celle-ci, déduire d'un petit nombre de principes, déjà liés entre eux, tous les autres principes; mais elle a été obligée de chercher chaque proposition particulière, chaque loi particulière, au moyen des expériences entreprises seulement dans cette vue. Or, la plupart de ces lois ont jusqu'à présent si peu laissé entrevoir les liens qui les unissent, qu'il fallait s'être convaincu, par des considérations générales, de l'unité qui existe dans toutes les œuvres de la nature, pour ne pas y méconnaître cette unité.

On pourrait comparer l'état actuel de la partie chimique des sciences naturelles à celui de leur partie mécanique, avant que Galilée, Descartes, Huyghens et Newton, nous eussent appris à ramener les mouvemens les plus composés à leurs principes les plus simples. On connaissait bien, à la vérité, avant ces illustres physiciens, un grand nombre de faits importans, même quelques séries de faits assez remarquables; mais on ne possédait pas encore ce grand principe d'unité auquel la science doit sa haute perfection actuelle. L'expérience leur avait, par exemple, fait découvrir quelques mouvemens circulaires; et l'observation du ciel leur avait même fait reconnaître quelque régularité dans les mouvemens circulaires des corps célestes; mais tant qu'on n'a pas été capable de les ramener à ces mouvemens rectilignes, qui, pour ainsi dire, constituent leurs élémens, on pouvait à peine avoir un pressentiment du principe d'unité que nous reconnaissons maintenant dans toutes les diverses espèces de mouvement. Pour en voir des exemples, il suffit de lire ce qu'a écrit sur la classification des mouvemens le célèbre Bacon, qui, quoique contemporain de Galilée, parle encore d'un mouvement violent et naturel, et de tant d'autres espèces de mouvemens, qu'il ne savait pas mieux ramener à un seul principe, que les chimistes jusqu'à ce jour n'ont su ramener les affinités des alcalis, des acides, des terres, des oxides, des corps combustibles, et de l'oxigène, à une même activité primitive.

En rapportant tous les mouvemens à leurs lois fondamentales, on a élevé la partie mécanique des sciences naturelles à cette perfection actuelle, où elle embrasse tous les mouvemens de l'univers comme un grand problème mécanique, dont la solution nous fait calculer d'avance une infinité de phénomènes particuliers. Pour préparer la partie chimique des sciences naturelles à une perfection semblable, il faut tâcher de ramener toutes les actions chimiques aux forces primitives qui les produisent. Alors nous serons aussi en état de calculer toutes les propriétés chimiques des forces primitives et de leurs lois. Or, la chimie ne s'occupant que de ces propriétés, toute cette science sera convertie en une théorie des forces, à laquelle les mathématiques s'appliqueront, et y gagneront peut-être un nouvel essor, comme cela a eu lieu pour leur application au mouvement.

Les découvertes qu'on a faites depuis le commencement de ce siècle, peuvent tellement contribuer à rapprocher la chimie de cet état de perfection, qu'il nous a paru utile de rassembler aujourd'hui les matériaux épars, pour essayer d'en former un système. Un tel premier essai ne peut, sans doute, qu'être imparfait; mais enfin il fallait un jour faire ce premier pas, et nous avons jugé convenable de ne plus différer de le faire. S'il est vrai que rien ne peut être plus contraire aux progrès des sciences que de vouloir former un système d'un trop petit nombre d'observations, il ne l'est certainement pas moins de trop négliger de tirer des résultats généraux d'une grande masse d'expériences; car le scrutateur de la nature ne fera aucune grande découverte qu'autant qu'il aura une certaine idée qui le porte à proposer, pour ainsi dire, ses questions à la nature, et un cadre convenable pour ses observations. Le but du système que nous présentons ici est donc principalement d'attirer l'attention sur plusieurs problèmes importans, de servir de préliminaires à d'autres systèmes plus parfaits, que la marche rapide de la science amènera bientôt. Ce n'est que par les efforts réunis d'un grand nombre de savans, et après plusieurs générations, que la science chimique pourra arriver à ce degré de perfection, qu'avec trop de hardiesse peut-être nous avons osé pressentir.

Il ne sera pas inutile dès nos premiers pas dans la carrière, de jeter un regard sur l'espace que nous avons à parcourir. Nous commencerons nos recherches par une classification générale de tous les corps inorganiques, d'après leur nature chimique. Ensuite nous présenterons quelques considérations sur les actions chimiques les plus connues, pour prouver que tous les phénomènes chimiques que nous avons étudiés jusqu'à présent, peuvent être attribués à deux forces répandues dans toute la nature. Nous prouverons que ces forces agissent non-seulement dans le contact immédiat entre deux corps, mais qu'elles peuvent aussi être transmises, par quelque milieu, de l'un à l'autre. Cela nous conduira à découvrir, indépendamment des considérations électriques, l'action chimique que nous avons reconnue dans le galvanisme. Au moyen de toutes ces recherches, nous parviendrons enfin à présenter les forces chimiques dans leur état le plus libre, et en même temps à rendre évidente l'identité de ces forces avec les forces électriques.

Arrivés à ce point, nous recommencerons la recherche dans une direction opposée. En partant des lois fondamentales pour les forces électriques, nous examinerons quelles sont les conditions sous lesquelles ces forces produisent des actions chimiques. D'abord, nous nous arrêterons à cette observation, « que « les forces électriques et chimiques ont cela « de commun entr'elles, qu'il y en a deux; « qu'elles ont la propriété de s'entre-détruire « l'une l'autre; qu'elles sont répandues dans « tous les corps, et que leur plus grande par- « tie s'y trouve en équilibre, et ne se mani- « feste que par l'influence des forces exté- « rieures ». Nous poursuivrons encore les forces électriques dès leur état d'activité la plus libre, par toutes les formes différentes qu'elles prennent, dans le condensateur, dans la charge électrique, jusqu'à l'électrophore, où l'une est si fortement retenue par l'autre, qu'on serait tenté de les regarder comme appartenans aux corps mêmes, s'il ne restait encore un moyen pour les en tirer. Enfin, nous parviendrons à montrer les forces électriques dans un état où elles sont assez latentes pour changer d'une manière durable les propriétés des corps, ou, ce qui revient au même, produire des actions chimiques. Ayant ainsi démontré, par deux séries de raisonnemens, la grande liaison qui existe entre les actions chimiques et électriques, et l'identité des forces qui les produisent, nous prouverons que les mêmes forces peuvent aussi produire de la chaleur et de la lumière, et nous chercherons les conditions sous lesquelles ces actions ont lieu. Les connaissances ainsi acquises de ces grands phénomènes, nous feront voir, mieux qu'aucune des théories antérieures, la liaison intime qui existe entr'eux et tous les autres phénomènes de la nature.

Toutes ces recherches nous conduiront à une connaissance plus profonde de la nature du feu, dont on n'avait encore considéré, pour ainsi dire, que d'un seul côté, les phénomènes variés. Enfin nous tâcherons, pour mieux encore prouver l'universalité des deux forces chimiques ou électriques, de montrer qu'elles produisent aussi les phénomènes magnétiques, et les changemens principaux dans la nature organique, et que ce sont ces mêmes forces qui sont la cause de l'impénétrabilité.

Plusieurs physiciens nous ont précédés dans la carrière que nous nous proposons de parcourir. Dès le premier temps que les faits électriques ont été réduits en système, on trouve des traces des idées semblables à celles que nous allons développer. Déjà Priestley, qui, à l'exemple de Franklin, attribua tous les phénomènes électriques à l'action d'une seule matière, regarda cette matière comme identique avec la cause de la combustibilité, c'est-à-dire, avec le phlogistique. Wilke crut ensuite trouver dans les forces électriques la cause du feu et de l'électricité. Kratzenstein vit dans l'électricité une force acide et une force phlogistique. Henri, Karsten, Forster, Gren, eurent des idées à-peu-près semblables. L'esprit pénétrant de Lichtenberg vit peut-être plus loin encore, mais il n'exprima ses idées que par des questions qu'il opposa aux anti-phlogiciens, trop enthousiastes, de son temps. Hube, d'un autre côté, a dit expressément, dans son Traité de physique, que les attractions chimiques lui paraissaient produites par les forces électriques; mais ces idées fondamentales restèrent cependant encore sans application, et durent même, à un certain égard, paraître extravagantes aussi long-temps qu'on regarda l'électricité comme l'effet d'une cause particulière, et non pas comme un phénomène particulier d'une cause universelle. Il était réservé à notre âge de donner naissance à ce grand nombre de belles découvertes qui nous permettent aujourd'hui de donner à ces idées toute l'étendue et toutes les applications qu'elles méritent. Ritter peut, à cet égard, être regardé comme créateur. Ses grandes conceptions et ses travaux entrepris avec un zèle que les obstacles et les sacrifices furent incapables de rebuter, ont répandu la lumière dans presque toutes les parties de la science.

A côté de ce grand physicien, on peut à un certain égard placer Winterl, dont les idées sur l'alcalinité et l'acidité, ainsi que sur la chaleur, ont été si bien sanctionnées par les découvertes qui ont été faites depuis la publication de son ouvrage. Si l'esprit inventeur de ces deux célèbres physiciens les a souvent entraînés hors des régions où il est possible de voir avec certitude la vérité, nous ferons nos efforts pour éviter cette faute, satisfaits d'une connaissance moins étendue, pourvu qu'elle soit plus exacte. L'avantage que nous pourrons gagner sur ces prédécesseurs sera pour la plus grande partie dû aux recherches profondes du célèbre Berthollet, et aux grandes découvertes de Davy et de Berzelins, trois savans illustres dont notre âge s'honorera toujours.

Nous ajouterons enfin que la philosophie de la nature qu'on a cultivée depuis vingt ans en Allemagne, pourrait aussi réclamer ses droits sur quelques vues que nous allons proposer.

Les bornes que nous nous sommes prescrites ne nous permettent pas de parler plus en détail de ceux qui nous ont frayé la route, ou de faire une énumération de ceux dont nous avons emprunté quelqu'idée heureuse. Mais autant que nous pourrons croire le mérite d'un de ces savans oublié, nous ne négligerons pas, dans le cours de l'ouvrage, de le nommer avec une juste reconnaissance.

POST-SCRIPTUM.

Lorsque l'auteur publia cet ouvrage en allemand, il ne jugea pas qu'il fût nécessaire de parler de ses travaux antérieurs sur le même objet; la plupart d'entr'eux étant imprimés dans la même langue. Ici son avantage n'est pas le même; il ne peut se flatter d'être connu du public français, que par quelques citations et quelques notices qu'on a faites sur ses travaux, et dont la plus étendue n'est rien moins qu'exacte. Mais la connaissance de ces travaux n'est pas indifférente pour décider jusqu'à quel point les découvertes des dernières années doivent être regardées ou comme la base, ou comme de nouvelles preuves de la théorie qu'on va exposer.

On vient de voir que la première idée du nouveau système que nous appellons *le système dynamique*, est beaucoup antérieure à la découverte du galvanisme, quoique dans un état fort imparfait. Le développement que lui donnèrent les travaux de Ritter et de Winterl, datent encore de la période qui précéda la pile de Volta. Les expériences du premier, sur la chaine galvanique simple, lui avaient déjà fait concevoir l'idée d'une théorie électro-chimique; et le second avait conclu des faits chimiques et électriques ordinaires l'identité des forces qui les produisent, lorsque le physicien de Pavie vint donner à la chimie cet instrument fertile en nouvelles découvertes, qui a changé en certitude l'idée fondamentale du système dynamique.

Ce fut à la même époque que parurent les Recherches du célèbre Berthollet sur les lois des affinités, qui, d'un autre côté, nous donnèrent de nouvelles vues générales sur les forces chimiques. L'honneur que reçoit l'auteur de voir la traduction de son ouvrage dédiée à ce savant illustre, lui est d'autant plus cher, qu'il se plaît à reconnaître la grande influence qu'ont eue sur ses méditations les idées profondes dont ce savant a enrichi la science.

Toutes ces grandes recherches ont fait l'objet des travaux de l'auteur, dans les années 1799 et 1800. Ses études antérieures l'avaient déjà préparé à ces vues générales; et quelques essais faits pour franchir les limites posées dans la science par des distinctions trop tranchantes, lui en avaient même révélé quelques-unes. Il existe seulement, pour le public, une trace de ces essais, et cela même par un accident : c'est dans une analyse de la philosophie chimique du célèbre Fourcroy. Cette analyse, faite pour le journal de la Société scandinave, à Copenhague, au sujet d'une traduction suédoise de ce livre si recommandable par sa clarté, fut lue à cette Société en 1799, et imprimée dans le journal de l'année suivante. On y trouve exposée la même série des alcalis et des terres, que l'auteur a présentée dans cet ouvrage, c'est-à-dire qu'il a tâché d'y prouver qu'il n'existe aucune limite naturelle entre les alcalis et les terres, et que cette série, commencée par les alcalis les plus intenses, doit se terminer par un corps plus acide qu'alcalin.

L'auteur avoue avec sincérité que ses premiers progrès qu'il avait faits par lui-même, ne furent encore qu'assez faibles ; mais ils eurent cependant l'avantage de lui faire mieux apprécier toutes ces nouvelles conceptions qui semblèrent à cette époque se réunir pour changer la face de la science. Ce fut d'abord aux recherches sur l'identité de forces électriques et chimiques, qu'il prit le plus d'intérêt. Son premier essai sur cet objet fut la construction d'un appareil dans lequel la dissolution, opérée sur quelques grains de zinc, par un acide délayé, produisit une action électro-chimique assez considérable. La description de cet appareil, qui d'ailleurs n'est pas si commode que l'appareil galvanique à l'auge, se trouve imprimée dans le journal Physico-Chimique de Copenhague, pour l'année 1800, et fut traduit en allemand dans un journal pour les découvertes du nord, que publia M. Pfaff et plusieurs autres savans.

On voit facilement que l'invention de cet appareil contient aussi la découverte de l'influence des acides sur les effets galvaniques; découverte qui cependant a été faite, quoiqu'un peu plus tard, par d'autres savans, avant qu'ils eussent pu connaître celle de l'auteur. La description de l'appareil qui vient d'être cité, est accompagnée des détails de plusieurs nouvelles expériences et de réflexions qui font assez voir que l'auteur reconnaissait, avec Ritter, l'identité des forces électriques et chimiques. Si ces premiers aperçus n'ont pas été exempts d'erreurs, qu'on éviterait facilement aujourd'hui, il espère que la nature du sujet l'excusera suffisamment.

Dans l'année 1801, l'auteur entreprit un voyage qui lui fournit l'occasion de faire la connaissance de Ritter, avec lequel il a depuis conservé une liaison constante jusqu'à ce qu'une mort prématurée enlevât celui-ci aux sciences. La conversation et les lettres de Ritter, ont beaucoup facilité à l'auteur l'intelligence de ses écrits, qui, au milieu de grandes obscurités, contiennent des vues très-profondes. Il est vrai que ce n'est pas sans raison qu'on lui a reproché de s'être trop abandonné à des conceptions trop hasardées, et même peut-être extravagantes; mais il faut être aussi injuste que l'ont été ses ennemis, pour ne pas admirer, malgré ces fautes, le génie élevé qui, à l'âge de vingt-deux ans, et avant la pile de Volta, avait conçu l'idée d'une théorie électro-chimique, et qui depuis a enrichi la science de tant d'autres découvertes. L'auteur se sent d'autant plus obligé de rendre cet hommage à la mémoire de ce physicien, que trop de gens paraissent moins disposés à lui rendre justice. Il est souvent très-utile de relever les fautes des hommes de génie; mais il ne le faut jamais sans prendre le soin d'apprécier aussi leur mérite : ce n'est qu'à cette condition que nous pourrons tirer avantage de leurs erreurs.

Voyant que l'ouvrage de Winterl, *Prolusiones in chemiam seculi decimi-noni*, était fort peu répandu, l'auteur de celui-ci a essayé d'appeler sur lui l'attention publique par un opuscule qui parut en 1803, sous le titre : *Materialien für eine chemie des neunzehnten Jahrhunderts.* L'auteur y donne un abrégé du système présenté dans ces *Prolusiones*, sans cependant entrer en discussion sur l'exactitude des expériences qui y sont décrites, et qu'il ne put répéter lui-même, venant de commencer un voyage qui devait encore durer deux ans ; mais il termina cet écrit par une lettre à M. Manthey, dans laquelle il exposa les faits reconnus et certains qui pouvaient être allégués comme preuves pour la partie la plus générale du système de Winterl.

M. Chenevix, renommé par ses expériences sur la composition du palladium, a donné en français une notice de ce court ouvrage, accompagnée d'une critique de sa façon. L'auteur de ces recherches n'en parle pas ici pour se glorifier d'avoir été attaqué par la même main qui a voulu souiller les plus beaux noms de l'Allemagne, et moins encore pour répondre à la critique de M. Chenevix; mais seulement pour déclarer qu'il n'a pas dit ce que lui fait dire ce critique dans les passages dont il donne la traduction.

Malgré l'estime que l'auteur avait conçue du génie de Ritter et de Winterl, il a cependant senti la nécessité de s'éloigner, à plusieurs égards, de leurs opinions. Ceux qui voudront comparer les théories de ces deux savans avec la sienne, trouveront facilement qu'il n'a pas adopté tous les principes sur lesquels ils sont d'accord, mais qu'il s'est vu forcé de se faire une théorie à lui, toutefois en profitant de leurs grandes idées. On trouvera aussi que, quels que soient ses raisonnemens, il ne les a jamais fondés sur des faits douteux qui ont souvent été trop facilement adoptés par ces deux physiciens, et qu'il a évité en grande partie l'obscurité qu'avait répandue sur leurs écrits une méthode trop compliquée. L'auteur a exposé ce système, pour la première fois, en 1804, dans ses leçons à l'université de Copenhague, et depuis il s'est appliqué à lui donner chaque année plus de développement. Dans ce même espace de temps, il a publié successivement quelques traités sur différentes parties de la physique, dont trois ont quelque rapport à l'objet de cet ouvrage. Le premier n'est qu'une exposition très-succinte du mécanisme de la propagation des forces électriques et magnétiques. On le trouve en allemand dans le journal de Gehlen, et en français dans le journal de Physique, pour l'année 1806. Le second, sur la série des corps acides et alcalins, n'est imprimé qu'en allemand, dans le journal de Gehlen, pour 1806. Il y expose, d'une manière plus complète, la série dont il avait donné, en danois, les commencemens dans le journal de la Société scandinave, en 1800, et il y fait voir que chacune des deux forces générales doit être regardée comme expansive. Le troisième de ces traités est intitulé : Considérations sur l'histoire de la Chimie. Il fut écrit en danois, pour le journal de la Société scandinave, et on le trouve aussi en allemand, dans le journal de Gehlen, pour 1807. Ce traité contient un exposé des principes fondamentaux des différens systèmes de la chimie, entr'autres celui du système dynamique. Depuis ce temps, l'auteur a encore beaucoup travaillé à perfectionner ce système ; mais ayant eu plusieurs travaux à publier sur d'autres parties de la physique, il n'en a rien fait imprimer avant la publication du livre qu'on vient de traduire.

En terminant cet exposé, l'auteur doit encore observer qu'il a marqué ici de mémoire les dates des ouvrages qu'il vient de citer ; qu'ainsi il n'est pas impossible qu'il ait commis quelque erreur à cet égard ; mais il ose cependant assurer qu'on n'en trouvera aucune qui puisse être de conséquence. Son seul dessein a été de prouver, par cette notice, que le système dynamique a été créé avant la pile électrique, et qu'il l'avait adopté et developpé jusqu'à un certain point, avant les grandes découvertes de Davy et de Berzelius ; en sorte que l'accord qu'on trouvera entr'elles et le système dynamique, doit, sinon inspirer quelque confiance pour ce système, du moins effacer le préjugé qu'on a d'ailleurs quelque raison d'avoir contre les théories nouvelles.

CHAPITRE PREMIER.

De la méthode à suivre dans la classification des corps inorganiques considérés d'après leur nature chimique.

PUISQUE toutes les recherches chimiques doivent être dirigées d'après la nature et la propriété des corps, il est d'une grande importance de les présenter dans l'ordre le plus méthodique. A la vérité, l'on a toujours classé les corps d'après certains caractères, et l'on a tâché ensuite de définir les classes qu'on avait ainsi formées. De cette manière, on a bien mis un certain ordre dans la chimie; mais cet ordre semble insuffisant dans l'état actuel de la science. En effet, ces définitions, d'après lesquelles on voulait tout classer, commencèrent à s'établir dans un temps où les connaissances chimiques étaient encore très-peu étendues, et l'on devait alors s'estimer assez heureux d'avoir pu réunir les corps dans quelques groupes isolés. Ainsi, tant que ces groupes existèrent dans cet état d'isolement, il était facile de faire accorder la définition avec la chose, et les limites des définitions pouvaient être en quelque sorte regardées comme des limites posées par la nature elle-même. Mais peu à peu, et à mesure que les découvertes remplirent les lacunes qui existaient entre ces groupes, on fut obligé d'étendre en partie ces limites, et même d'en faire disparaître quelques-unes. Certaines furent cependant conservées, mais elles ne peuvent tenir maintenant contre un examen un peu sévère.

A l'époque où parurent Stahl et Boerhave, c'est-à-dire environ un siècle avant nous, on ne reconnut que six métaux parfaits. Les autres corps métalliques, connus même depuis long-temps, furent exclus de cette classe à cause de leur fragilité, et jusqu'à ce que la découverte de nouveaux métaux fit voir que la grande distance entre la ductilité de l'or et la fragilité de l'arsenic, était remplie par un grand nombre de corps intermédiaires. L'on pouvait dès-lors présumer que les lacunes qui existaient encore, seraient remplies à mesure qu'on trouverait de nouveaux corps métalliques. Quelques physiciens doutèrent, même en voyant le mercure constamment fluide, qu'il appartînt à la classe des métaux parfaits. Ces doutes ne furent dissipés qu'à l'époque où on découvrit que ce métal pouvait devenir solide, et que son point de congélation se rapprochait beaucoup plus de celui de l'étain et du plomb, que le point de congélation de ces deux métaux ne se rapproche de celui du fer ou même du cuivre. Une grande volatilité servit également à faire exclure plusieurs corps du nombre des métaux parfaits; mais l'on sait maintenant que cette différence ne permet pas plus d'établir une ligne de démarcation entre les métaux qu'entre les autres corps. Ainsi, la fixité de l'or a pu paraître parfaite aux anciens; car ce n'est que depuis les expériences faites sur ce métal avec les miroirs ardens, ou un feu alimenté par l'oxigène, ou enfin avec l'électricité, qu'on a reconnu que, comme tous les corps, il cédait à l'action du calorique. Entre l'arsenic qui est si volatil, et l'or qui l'est si peu, il existe un grand nombre de métaux d'une volatilité intermédiaire, qui lient ces deux extrêmes. Cependant, si l'on voulait terminer la série des métaux volatils par l'arsenic, ce serait une chose purement arbitraire, quand même nous ne reconnaîtrions pas dans l'ammonium un métal d'une volatilité encore beaucoup plus grande, et qui probablement ne peut exister isolé qu'à l'état de gaz. Supposé même qu'on ne parvienne jamais à présenter ce métal isolé, on voit du moins que l'idée d'un métal gazéiforme n'a rien d'impossible, et même rien d'invraisemblable. Du degré de chaleur où l'or se réduit en vapeurs, jusqu'à celui où se volatilisent le mercure et l'arsenic, il y a une distance thermométrique de plusieurs centaines de *mètres thermiques* (1).

---

(1) J'appelle *mètre thermique* l'espace compris depuis le point de congélation de l'eau jusqu'au degré de son ébullition; car je considère cet espace comme l'unité véritable de nos mesures thermométriques. Les mots : *mètre thermique* seront dans la suite de cet ouvrage indiqués par *mèt. therm.*; tous les autres degrés seront considérés comme des fractions ou comme des multiples de cette unité. Ainsi les langages des différens thermomètres pourraient disparaître, chaque physicien ferait la même mesure avec son thermomètre. Ainsi, par exemple, 50° centigrades, 40° Réaumur, 112° Farenheit, seraient tous exprimés par 0,5 du mètre thermique au-dessus du point de congélation, ou bien, le point de congélation étant toujours le point de départ, immédiatement par $+\frac{1}{2}$, ou $+ 0,5$. Du reste, ainsi qu'on le fait ordinairement, nous prendrons ces parties comme des parties aliquotes de l'échelle; mais

Or, si la température la plus basse de notre terre était de cinq mètres thermiques au-dessus de celle qu'elle a maintenant, les deux derniers métaux auraient une forme gazeuse constante, et cependant on ne découvrirait pas un grand changement de rapport entre le degré de volatilisation de l'or et la chaleur atmosphérique.

La pesanteur spécifique des métaux a jusqu'à présent été regardée comme un de leurs caractères les plus essentiels, quoiqu'il y ait une grande distance entre la pesanteur du platine et celle du tellure. Les nouvelles découvertes nous ont démontré qu'il existe des métaux encore plus légers que l'eau. On a voulu séparer ces nouveaux métaux des anciens, et leur donner le nom de *métalloïdes*; mais la distance entre le potassium ou le sodium, qui surnagent sur l'eau, et le tellurium, qui est six fois plus pesant que ce fluide, est déjà remplie par d'autres nouveaux corps métalliques, le calcium, le baryum, etc.; en sorte que cette separation ne serait nullement fondée.

---

on pourrait aussi, après avoir fait les déterminations nécessaires, diviser cette unité de mesure selon les intensités de la chaleur.

Un autre caractère des métaux qui semblait encore plus essentiel est l'opacité ; mais cette propriété n'est pas absolue, ainsi que le démontrent des lames d'or exposées à une vive lumière. Cette propriété peut donc exister dans un moindre degré ; et en effet nous n'avons pas de moyens de déterminer quelle pourrait être la plus faible opacité, ou la plus grande transparence, qui convient aux métaux. Tout ce que nous venons de dire peut également s'appliquer à l'éclat métallique ; car celui-ci dépend évidemment de l'action qu'ont les corps sur la lumière, soit en raison de leur combustibilité, soit en raison de leur densité. La densité diminuant, dans les métaux, à mesure que leur combustibilité augmente, on pourrait penser avec quelque raison que l'éclat métallique se trouve restreint entre des bornes assez étroites. D'un autre côté, ce rapport n'étant point exact, on ne doit pas exclure un corps de la série des métaux, parce qu'il a une moindre action sur la lumière.

La faculté conductrice pour l'électricité, distingue principalement les métaux des autres corps ; on ne peut pourtant s'empêcher de convenir que cette propriété s'y trouve dans des degrés très-différens. Le cuivre a une faculté conductrice beaucoup plus grande que n'a le fer, et de pareils exemples seraient faciles à multiplier. Cela prouve que nous ne pouvons déterminer quelle pourrait être la faculté conductrice la plus faible des métaux; et il n'est pas même impossible que plusieurs d'entre eux soient de mauvais conducteurs. Ajoutons encore que nous avons prouvé la possibilité de l'existence des métaux aériformes : dès-lors il faut trouver un caractère qui puisse faire reconnaître cette classe de corps dans l'état gazeux. Ces caractères ne pourront être, d'après ce que nous venons de dire, ni l'opacité, ni l'éclat, ni la faculté conductrice ; et tout en avouant leur utilité pour faire reconnaître les métaux, nous devons convenir en même temps qu'elles ne peuvent suffire pour les définir. Il est enfin évident que tout cela s'applique également à la propriété des corps métalliques, de transmettre la chaleur.

Si, d'après cela, on nous demandait comment il est possible de reconnaître si un corps appartient à la classe des métaux ou non, nous répondrions que ce ne peut être que par sa ressemblance avec les autres métaux. L'on voit que nous changerions en méthode la marche que les sciences ont suivie dans leurs progrès. En effet, ce n'est pas d'une métaphysique sûre, qu'on est parti pour établir l'idée de métal, mais bien de la comparaison successive que faisaient naître les corps que l'on découvrait; car s'il en était autrement, les caractères attribués aux métaux n'auraient pas dû éprouver un si grand nombre de variations.

La marche que les sciences naturelles ont suivie dans leur progrès, a constamment été de réunir les corps analogues à mesure qu'on les découvrait, sans trop faire attention aux limites posées par des définitions arbitraires; et si elles les ont respectées un moment, elles ont toujours fini par les franchir. Les définitions ne sont que des moyens de s'entendre, et non point des limites fixées par la nature. Si l'on voulait penser autrement, on serait obligé de prétendre que la nature a créé ses ouvrages d'après des définitions que nous étions capables de connaître. Or, si nous trouvons absurde une telle pensée, rien ne doit nous empêcher de continuer nos comparaisons. La limite d'hier ne doit pas être celle d'aujourd'hui, si la recherche plus avancée en exige une nouvelle. Ainsi, négligeant toutes ces démarcations artificielles, nous prendrons pour base de notre classification quelque corps facile à distinguer, à côté duquel nous placerons celui qui lui ressemble le plus, et ainsi de suite, jusqu'à ce qu'il ne nous paraisse plus possible de la continuer. De cette manière, nous aurons à l'extrémité de notre série, des corps fort dissemblables de ceux qui se trouvaient au commencement; et même il pourra y en avoir qui présenteront des propriétés tout-à-fait opposées. Cette marche nous semble la plus naturelle pour laisser voir la liaison qui existe entre les diverses propriétés des corps.

Mais pour nous faire mieux concevoir, continuons d'appliquer les mêmes principes à la classe des métaux. L'on sait qu'il existe une grande distance entre l'or et l'arsenic. Le premier est le plus ductile de tous les corps inorganiques; l'arsenic, au contraire, est tellement fragile, qu'il peut facilement être réduit en poudre. L'or a une très-grande fixité, et ne peut être réduit en vapeurs sensibles par le feu de nos fourneaux, tandis que l'arsenic est assez volatil pour passer à l'état de gaz par une chaleur de 2,82 mèt.

therm. (282° centigr.) Ajoutons encore que l'or est si peu combustible, que nous ne connaitrions probablement pas sa combustibilité sans l'électricité et les acides très-comburens. L'arsenic, au contraire, est si inflammable, qu'il brûle avec une flamme très-vive à une température peu élevée. Cette comparaison semble suffire sans qu'il soit nécessaire de parler de quelques autres différences moins essentielles. Si nous comparons maintenant l'arsenic avec le phosphore et le soufre, nous lui trouverons avec ces corps des différences beaucoup moins tranchantes. A la vérité, ces deux corps ont une certaine transparence, et sont de mauvais conducteurs de l'électricité, ce qu'on n'observe pas dans l'arsenic; mais par combien de rapports cette différence n'est-elle pas compensée! tous les trois sont volatils, ont une odeur distincte, une très-grande action sur les corps vivans; ils se combinent avec l'hydrogène en formant avec lui des gaz particuliers. Leurs produits oxigénés se ressemblent aussi beaucoup dans leurs différens degrés d'oxidation. Les propriétés de leurs oxides du premier degré ne sont pas encore bien connues; mais au second ils forment des corps acides plus ou moins volatils ; et au point de saturation, ils donnent des acides assez fixes. On peut encore ajouter qu'ils se combinent tous les trois avec d'autres métaux, ce que les corps non métalliques, c'est-à-dire les corps oxigénés, ne font pas. Nous reviendrons dans la suite sur ce caractère important : nous nous contenterons seulement ici de remarquer qu'un très-grand nombre de corps ductiles perdent cette propriété, en se combinant avec de petites quantités d'arsenic, tout comme ils le font avec le soufre et le phosphore. Enfin le bore et le fluore, autant qu'il nous est possible d'en juger pour ce dernier, ont tellement d'analogie avec le soufre et le phosphore, surtout avec le premier, qu'on est obligé de les mettre dans la même série.

Si nous comparons maintenant les métaux sous le rapport de leur combustibilité, nous trouverons un nouvel exemple d'une semblable gradation d'une propriété dans la même série. Il est très-vraisemblable que l'ammonium, dont l'oxide est un corps assez combustible, doit commencer cette série. A la vérité, nous ne pouvons encore que faire des suppositions sur la nature de ce combustible ; mais si l'on voulait, avec plusieurs chimistes justement célèbres, le regarder comme de l'hydrogène désoxidé, on devrait considérer ce que nous appelons à présent hydrogène, comme un oxide qui serait distingué des autres oxides par des propriétés très-remarquables. Ces propriétés sont de se combiner avec les métaux, ce que ne fait aucun oxide, et de ne le pouvoir avec aucun oxide, ce qui est précisément tout le contraire de ce que font les autres corps oxidés. On pourrait bien dire que l'hydrogène se désoxide en partie toutes les fois qu'il se combine avec les métaux, en sorte que les hydrures seraient des combinaisons entre l'hydrogène qui aurait perdu une partie de son oxigène et les métaux qui auraient subi un commencement d'oxidation. Mais cette explication n'écarte qu'une seule difficulté, car il resterait toujours à faire concevoir pourquoi l'hydrogène ne se combine point avec les oxides. Il faut également avouer que l'hydrure de mercure est toujours fort différent de l'amalgame d'ammonium. Nous conviendrons cependant qu'il peut exister des combinaisons oxigénées d'un ordre plus élevé, c'est-à-dire différentes des oxides ordinaires.

Si l'hydrogène était un tel oxide, nous n'aurions aucune raison de le séparer des métaux et de l'associer aux oxides ordinaires. Plusieurs considérations semblent au contraire permettre d'associer l'hydrogène aux métaux ; car, comme nous l'avons déjà remarqué, il s'unit avec ces corps, et ne se combine jamais avec les oxides. Cette propriété nous a conduit à ranger l'ammonium parmi les corps métalliques. Les combinaisons de l'hydrogène avec les métaux sont, selon Ritter, aussi bons conducteurs de l'électricité que l'amalgame d'ammonium et toutes les autres combinaisons de métaux.

Mais il y a encore une autre raison qui certainement a contribué pour beaucoup à faire classer l'ammonium parmi les métaux : c'est la ressemblance de son oxide avec ceux du potassium et du sodium. En considérant les faits sans beaucoup de réflexion, on pourrait croire que l'oxide de l'hydrogène n'a pas une si grande ressemblance avec les autres oxides métalliques. Cependant si l'on veut se rappeler que les chimistes ont prouvé dans ces derniers temps que la baryte, la silice, sont des vrais oxides métalliques, et comme l'on ne peut plus douter que les autres terres ne le soient également, on trouvera cette différence moins grande. Ainsi nous pensons que quelques-unes de ces terres, sur-tout la silice, la glucyne, et principalement l'alumine, ont une grande ressemblance avec l'oxide d'hydrogène, c'est-à-dire avec l'eau. Pour rendre sensible cette ressemblance, supposons que notre globe soit transporté dans une température de 10 mètres thermiques au-dessous de celle que nous avons maintenant; l'eau serait alors non-seulement solide, mais pourrait être regardée comme assez peu fusible. On la trouverait compacte en grandes masses ou en poudre comme une terre blanche, et qui serait également soluble dans les acides et les alcalis, à-peu-près comme l'alumine. En supposant encore que dans cette température il n'y eût de changé que le degré de la fusibilité, on se servirait des alcalis ou des acides fixes, pour opérer la fusion de l'un et de l'autre. Ainsi, on placerait l'alumine à côté de l'eau. Si l'on pouvait encore réduire ces deux oxides en les chauffant en contact avec le fer ou avec un autre corps quelconque, on ne pourrait plus douter que la partie combustible de la glace ne fût aussi bien un métal que celle de l'alumine. On en douterait d'autant moins, que l'hydrogène, dans un tel état de choses, serait sans doute un corps solide. Revenons maintenant à la température ordinaire de notre globe : nous trouverons l'oxide d'hydrogène à l'état fluide, l'alumine non-seulement solide, mais même presque infusible ; l'élément métallique de l'eau y est aériforme, celui de l'alumine y est au contraire solide, et par cela même nous ne reconnaissons pas au premier abord leur ressemblance naturelle. Voilà donc une expérience faite dans la pensée ; quelqu'incomplète qu'elle soit, elle semble du moins nous faire concevoir que la différence de l'hydrogène et de son oxide des métaux et de leurs oxides, n'est que relative.

Comme nous croyons avoir prouvé la nature métallique de presque tous les corps qui n'ont pas été jusqu'à présent décomposés, il est convenable de porter maintenant notre attention sur ceux qui restent encore parmi les corps non décomposés. Le carbone se présente le premier à cause de son affinité pour certains métaux, fait dont l'importance avait déjà été remarquée par plusieurs physiciens distingués. L'on sait combien sa combinaison avec le fer est intime dans l'acier, et quel éclat métallique il possède dans le carbure de fer. Cette propriété le rapproche beaucoup des métaux ; on pourrait, à la vérité, opposer à cette classification que l'acide carbonique est assez volatil, pour former un gaz, dans toutes les températures que nous connaissons; mais ce fait ne peut nous empêcher de le classer parmi les métaux, depuis sur-tout que nous reconnaissons dans l'ammoniaque un oxide gazéiforme d'un métal. Quant à l'azote, il n'entre dans aucune combinaison avec les autres corps, excepté cependant avec l'oxygène et l'hydrogène ; comme son degré de simplicité est en même temps fort douteux, nous nous abstiendrons d'en parler plus au long.

Avant d'entrer dans des recherches particulières sur l'oxigène, nous reviendrons un peu sur nos pas. Nous ferons d'abord remarquer que tous les corps dont il a été question jusqu'à présent ont cela de commun, qu'ils ne peuvent pas être décomposés par les forces désoxidantes les plus énergiques que nous connaissons, et que chacun de ces corps peut entrer en combinaison avec d'autres aussi peu décomposables. On n'en observe même qu'un très-petit nombre qui peuvent se combiner avec des corps brûlés, et ceux-ci sont encore les extrêmes de la série. Nous pourrons enfin ajouter qu'il y a dans toute cette série, une grande activité chimique, quoiqu'en degrés différens, c'est-à-dire que nous trouvons dans tous les corps de cette série la propriété d'entrer comme partie active dans la combustion. Du métal le plus combustible jusqu'à l'or, les métaux forment une série de gradations assez nombreuses, dont les termes sont trop connus, pour que nous cherchions à la ranger dans un ordre plus méthodique. Nous nous contenterons de remarquer qu'en descendant du métal le plus combustible jusqu'à l'or, on peut continuer la série par le platine, où la combustibilité est encore plus faible, à l'iridium et à l'osmium, dans lesquels cette propriété devient si faible, que les acides sont presqu'incapables de les attaquer, quoique les alcalis (peut-être les alcalis peroxidés) favorisent leur oxidation dans l'état d'incandescence (1). Mais après être parvenus jus-

(1) La résistance qu'exercent la cohésion et la pesanteur spécifique des métaux contre l'oxidation peut chan-

qu'au terme de la série où la combustibilité des métaux s'anéantit en quelque sorte, nous pouvons la suivre jusqu'à l'incombustibilité la plus parfaite. Un corps sera parfaitement incombustible, lorsque sa présence sera une des conditions nécessaires pour toute combustion; car tout autre corps serait ou brûlé, ou aurait de l'affinité pour celui qui est la condition extérieure de la combustion, si l'on peut s'exprimer ainsi. Parmi les corps non brûlés que nous connaissons, l'oxigène est le seul que nous pouvons regarder comme incombustible. Si l'on découvre un jour que l'oxigène peut être brûlé par le moyen d'un autre principe (1), il ne sera pas moins vrai pour cela que le corps dont les propriétés sont les plus opposées à celles des corps combustibles (puisque ce corps est la con-

---

ger cette série ; mais on verra facilement que ce changement ne pourra être assez grand pour rendre douteux les principes généraux dont il s'agit ici.

(1) Nous ne bornons pas l'idée de la combustion à la seule oxigénation ; mais nous ferons voir dans la suite que cette idée doit être étendue à une certaine classe de réactions entre deux propriétés répandues dans tous les corps, dont l'une est prépondérante dans les corps les plus combustibles, l'autre dans l'oxigène.

dition nécessaire de toute combustion), est le seul vraiment incombustible. On voit par tout ce qui précède que l'oxigène est nécessaire pour finir la série des métaux, ou comme un corps très-peu combustible, ou comme parfaitement incombustible. La quantité de l'oxigène dans un deutoxide, tritoxide, etc. étant toujours un multiple de sa quantité dans le protoxide, on a raison de croire qu'il ne se combine pas avec les oxides comme tels, mais seulement en différentes proportions avec les corps combustibles. On pourrait faire une objection, en apparence fondée, contre la place que nous donnons à l'oxigène, en remarquant que ses combinaisons avec les métaux forment une nouvelle série. Mais il est facile de s'apercevoir que cela est une conséquence d'une loi générale, d'après laquelle les combinaisons des matières homogènes, ou plutôt des matières semblables, restent dans la même série, tandis que celles qui résultent de corps très-différens en sortent. Ainsi, par exemple, l'hydrogène fait avec le soufre une combinaison qui n'appartient plus à la même série. De même les acides et les alcalis, quoique membres d'une même série, forment entr'eux des combinaisons qui appartiennent à une autre. Au reste, ce qui va suivre rendra cela beaucoup plus intelligible.

Ici se présente cette question : Puisqu'il y a tant de corps combustibles qui attirent fortement l'oxigène, n'existe-il pas aussi plusieurs corps qui, comme l'oxigène, peuvent attirer les corps combustibles et les enflammer ? On sait, pour que la combustion ait lieu, qu'il faut nécessairement deux corps, l'un combustible, et l'autre attiré par ce même corps. Cette dernière propriété, qui est l'inverse de la combustibilité, pourrait être appelée *propriété comburente*. Ces deux conditions sont également nécessaires à la combustion. Ainsi nous appellerons corps combustibles tous ceux qui attirent l'oxigène, et l'oxigène sera pour nous un corps comburent (1). L'un et l'autre sont également nécessaires pour établir une combustion. L'emploi que nous faisons des deux expressions, comburent et combustible, est donc arbitraire ; et l'on pourrait aussi bien appeler

(1) On se rappellera que nous admettons aussi la propriété comburente dans les autres corps, seulement en d'autres proportions.

corps combustibles ceux que nous avons appelés comburens, et comburens ceux que nous avons appelés combustibles. L'usage qu'on fait de ces expressions ne dépend que de la manière dont nous nous apercevons des phénomènes du feu. L'atmosphère contenant un excès du principe, que nous avons appelé comburent, elle met en activité la force opposée dans tous les autres corps, même dans ceux qui n'en ont qu'une très-faible, et qui est déjà supprimée par une grande quantité d'oxigène. Ainsi les corps les plus palpables agissent par la propriété connue sous le nom de la combustibilité; et l'autre principe qui la fait se manifester se cache à notre vue, et veut être découverte par des expériences qu'on n'a qu'assez tard imaginées. Si l'atmosphère était composée de gaz hydrogène au lieu de gaz oxigène, on aurait appelé les oxides des corps combustibles, et le gaz oxigène aurait été regardé comme un gaz inflammable. Toutes choses égales d'ailleurs, on aurait observé que presque tous les corps combustibles se décomposent dans la combustion. D'après tout cela, il serait d'un assez grand intérêt de calculer ce qui arriverait sur un globe où les corps qui, selon nous, sont doués de la propriété comburente, serviraient de base à tous les autres, comme le font sur notre terre ceux que nous avons appelés combustibles, et où enfin, selon notre manière de parler, l'atmosphère serait combustible, comme la nôtre est douée de faculté comburente. On peut se figurer que l'organisation de ce globe serait tout-à-fait l'inverse de celle que nous habitons. Qu'un tel globe existe ou non, cette fiction nous offre toujours l'avantage de considérer, d'après leur vrai rapport, les deux classes de corps qui entrent comme élémens dans la production du feu. Après avoir démontré que les expressions de combustibilité et de propriété comburente peuvent changer de place, et que l'usage que nous en faisons est seulement fondé sur la manière dont nous dirigeons nos expériences, nous pouvons parler de cette matière sans risquer d'être induits en erreur par l'ambiguité des expressions.

La marche que nous avons adoptée jusqu'à présent dans nos recherches, nous a fait sentir qu'il existe un grand nombre de gradations dans la force de combustibilité, et nous sommes même arrivés jusqu'à l'idée d'un corps parfaitement incombustible. Continuons donc la même marche, en nous permettant encore quelques observations. Certains corps nous présentent cette particularité remarquable, qu'ils sont très-combustibles dans quelques circonstances, tandis qu'ils le deviennent extrêmement peu dans d'autres. Il est donc nécessaire d'établir une comparaison entre ces corps, en les plaçant dans des circonstances égales. Le carbone, par exemple, est capable de réduire la plus grande partie des corps brûlés, et cependant on ne peut pas le regarder comme un corps très-combustible; car dans la température ordinaire, il est moins oxidable que l'or ou le platine. Cela est d'autant plus vrai, que l'on sait combien est petit le nombre des acides qui ont une action sur le carbone, et sur-tout combien cette action est faible. On observe encore que les corps où le carbone domine sont un élément négatif dans les chaînes galvaniques, même en les mettant en opposition avec l'or et l'argent. Ce qui prouve, d'après une loi générale, que le carbone est moins oxidable que ces deux métaux. Le soufre est également assez combustible à une haute température, mais à la température ordinaire il l'est beaucoup moins qu'aucun des métaux ; et même porté à la température la plus élevée, on ne lui voit jamais avoir pour l'oxigène une affinité comparable à celle du carbone. Le soufre peut donc être assimilé aux corps les moins oxidables, car l'accroissement de sa combustibilité dans les températures élevées, n'est pas immédiat, mais est singulièrement favorisé par la diminution que la chaleur entraîne dans sa cohésion, et par la tendance de l'acide sulfureux pour l'état gazeux. Le même raisonnement peut être appliqué à la désoxidation des oxides métalliques par le soufre et le carbone ; c'est-à-dire que la tendance de leurs acides à l'état gazeux, et l'attraction du soufre pour plusieurs métaux, y doivent contribuer beaucoup. La faible combustibilité du carbone et du soufre semble encore indiquée par le peu de contraction qu'on voit prendre à ces deux corps dans leur réunion avec l'oxigène. En effet, nous savons que les combinaisons qui ont lieu par une suite d'affinités très-énergiques, produisent toujours de grandes contractions.

Nous ne connaissons, à la vérité, l'acide sulfurique que dans un état très-condensé;

mais sa combinaison avec l'eau y a une grande part. Le soufre présente encore la propriété remarquable de dégager de la chaleur et de la lumière, en se combinant avec plusieurs métaux; ce qui annonce une grande attraction pour les corps combustibles, ou, dans d'autres expressions, un excès de propriété comburente. Ce corps forme également un acide avec l'hydrogène, ce qui établit une nouvelle analogie entre lui et l'oxigène. Il est bien vrai que cette combinaison s'opère sans une grande contraction; mais c'est une circonstance que nous avons déjà vu avoir lieu dans la combinaison de l'oxigène, avec plusieurs corps combustibles.

Le tellure présente encore une semblable propriété, et l'on voit en effet qu'il résiste à l'oxidation dans l'action galvanique, étant employé comme conducteur positif. Si on l'employe comme conducteur négatif, il se combine assez facilement avec l'hydrogène; et Dawy a reconnu que la combinaison qui en résulte est acide.

Dans ces derniers temps, ce physicien a prétendu que l'acide muriatique oxigéné était un corps simple, qui avec l'hydrogène formait l'acide muriatique. Il a ensuite prouvé, pour confirmer sa théorie, que l'acide muriatique oxigéné, qu'il appelle chlorine, se combine avec un grand nombre de corps combustibles, sans perdre de l'oxigène; et que ces combinaisons, mises en contact avec des corps combustibles, ne donnent aucune preuve qu'ils contiennent de l'oxigène, avant d'avoir été mises en contact avec de l'eau. On peut encore ajouter que cette chlorine, dans les circonstances ordinaires, n'annonce aucune attraction pour les alcalis. Si la simplicité de ce corps que Dawy a conclue de ces faits, se trouve confirmée par de nouvelles expériences, nous aurons, outre l'oxigène, un corps doué d'une grande faculté comburente. Mais les preuves qu'il a données de son opinion ne nous paraissent appuyées que sur des analogies qui peuvent être combattues par la ressemblance de la chlorine avec l'acide sulfureux et l'acide nitreux. Tous les trois sont à l'état de gaz, mais se condensent facilement, mis en contact avec l'eau. Ils se condensent plus encore avec une nouvelle quantité d'oxigène. Les sels composés de ces acides condensés et des bases fixes, exposés à l'action du calorique, donnent du gaz oxigène. Il faut encore remarquer que l'acide muriatique oxigéné détruit les couleurs végétales, les vapeurs pestilentielles, et que l'acide sulfureux produit le même effet. L'acide nitreux fait aussi disparaître les couleurs végétales; mais en même temps il devient lui-même la cause d'une autre couleur. Tant d'analogies doivent toujours faire naître des doutes, lorsqu'il s'agit de séparer ces corps les uns des autres.

Si l'on voulait les regarder tous comme des corps simples, ce ne serait pas sans bien d'autres difficultés; car on serait alors obligé de regarder le soufre comme composé d'acide sulfureux et d'hydrogène. En même-temps, on devrait penser que la combustion du soufre, à son premier degré, ne sature que son hydrogène, et que l'eau, produite par cette combinaison, a été retenue par l'acide sulfureux, ce qui déjà est hors de l'analogie avec l'acide muriatique. A l'égard de l'acide nitreux, les difficultés sont encore plus grandes. En considérant cet acide comme un corps simple, on devrait croire qu'il forme, avec l'hydrogène, du gaz nitreux, et que ce gaz, mis en contact avec le gaz oxigène, ne donne de l'acide nitreux que par la saturation de son hydrogène, l'eau formée restant en combinaison avec l'acide. On voit, au premier coup-d'œil, que cette explication est analogue à celle donnée de la combustion du soufre, et par conséquent hors de l'analogie avec l'acide muriatique. Mais cette absence d'harmonie est ici la moindre difficulté : les preuves indubitables que nous avons pour l'existence de l'oxigène dans le gaz nitreux, sont tellement contraires à l'hypothèse que nous avons supposée un moment, qu'on ne conçoit aucune possibilité de la concilier avec l'expérience. L'hypothèse ingénieuse du célèbre Dawy reste donc isolée, sans appui de l'analogie des autres acides.

Mais ce ne sont seulement pas des analogies vagues qu'on peut opposer à cette hypothèse, il y a une loi reconnue d'ailleurs bien exacte, qui lui est contraire. Berzelius a fait observer que la nouvelle hypothèse ne s'accorde pas avec les rapports mathématiques qui existent entre les élémens des corps composés, tandis que l'hypothèse généralement reçue, est parfaitement d'accord avec eux.

D'après tout cela, on ne peut que regarder l'hypothèse du grand chimiste anglais comme peu vraisemblable ; mais nous nous garderons cependant de prononcer contre elle d'une manière absolue, car les analogies, quelque fortes qu'elles soient, ne constituent encore aucune preuve ; et quant à l'objection de Berzelius, il faut toujours observer qu'il est possible que des recherches plus approfondies nous fassent découvrir une loi particulière, capable de rendre compte de l'exception que les suppositions de cette hypothèse paraissent maintenant faire de la loi générale.

Il paraît que nous pouvons conclure de ce qui précède :

1° Qu'aucune des définitions adoptées jusqu'à présent pour les métaux, n'indique entr'eux des limites naturelles. L'on voit, au contraire, qu'il existe une série continue de corps métalliques, qui, commençant par ceux qui ont une métallicité bien marquée, s'étendent jusqu'à ceux qui n'en portent qu'une faible empreinte. Rien n'empêche pourtant que l'on ne conserve le nom de métal pour les corps qu'on a jusqu'à présent appelés ainsi. Cet emploi d'un mot doit toujours être regardé comme indifférent ; mais il faut alors être assez de bonne-foi pour avouer qu'une telle expression n'indique qu'une classification arbitraire.

2° Si nous devions faire connaître la propriété commune à tous les corps que nous avons présentés dans notre série, nous dirions que c'est celle qu'ils possèdent, de former mutuellement des combinaisons chimiques. Si nous voulions ensuite distinguer cette classe de toutes les autres, nous commencerions par nommer quelque corps qui possède le caractère de la classe au point le plus éminent. On pourrait, après celui-ci, établir son jugement sur les autres corps, par la manière dont on les verrait se combiner avec le premier. Ainsi l'on dirait, nous appelons métal tout corps qui peut entrer immédiatement en combinaison chimique avec l'or, ou avec d'autres corps qui se combinent avec ce métal.

3° Tous les corps que nous reconnaissons avec certitude comme appartenans à cette série, n'ont pas été décomposés jusqu'à présent. Quoique cette circonstance soit remarquable, elle n'est pas décisive par elle-même, parce que cette résistance peut dépendre de l'énergie des forces, et non de leur nature ou de leur manière d'agir; mais cette circonstance devient importante par les autres différences plus marquées qui l'accompagnent.

4° L'activité qui se montre dans cette série produit l'union entre des corps opposés, d'où résulte la combustion. Aussi chaque corps qui s'y trouve contient une des conditions nécessaires au feu. Toute cette série peut être considérée comme la classe des corps non brûlés.

5° La plupart des corps contenus dans notre série, n'entrent pas en combinaison chimique avec les corps brûlés; le soufre et le phosphore font seuls exception à cette règle. On les mettrait donc, sans hésiter, dans la série des corps brûlés, s'ils n'avaient pas la propriété de se combiner avec les corps non brûlés. Il semble, du moins, que dans l'état présent de la science, on peut les considérer, pour ainsi dire, comme des corps qui établissent une sorte de liaison entre ces deux classes, mais dont la place convenable pourrait être mieux déterminée par de nouvelles recherches.

6° Les corps qui peuvent entrer mutuellement en combinaison chimique, forment un système d'affinité à part. Ainsi nous pouvons prononcer que la classe des corps non brûlés forme un système particulier d'affinité, séparé de tous les autres systèmes. Cette propriété est sans doute la plus importante, et, pour ainsi dire, la propriété radicale de notre série.

Les corps brûlés ou oxigénés forment également une série particulière ; celle-ci est composée, comme l'autre série, de plusieurs groupes qui se sont d'abord présentés isolément, tels que les alcalis, les terres, les oxides métalliques, etc. Ces démarcations ont été utiles dans leur commencement, en nous faisant réunir sous un même point de vue des corps qui avaient entr'eux une ressemblance essentielle; mais ayant été conservées depuis les grands progrès qu'ont faits les sciences, ces mêmes démarcations sont devenues des obstacles au lieu d'être des moyens d'avancement. Il n'est cependant pas nécessaire de chercher à les détruire maintenant, puisque les découvertes de la composition des terres et des alcalis ne permettent plus de regarder comme des limites naturelles celles qui les séparaient des autres oxides. Nous croyons seulement devoir faire encore quelques observations sur les définitions de l'alcalinité et de l'acidité. Ce n'est pas que cette matière n'ait été très-approfondie par les recherches de MM. Berthollet et

Winterl, mais l'ordre de nos recherches exige que nous fassions ici quelques remarques sur cet objet. On a regardé comme essentiel à la nature des alcalis d'avoir une saveur âcre, de changer en verd certaines couleurs végétales, de faciliter la combinaison de l'huile avec l'eau, etc. Plusieurs de ces propriétés supposent nécessairement que tous les alcalis sont solubles dans l'eau; et comme elles se trouvent réunies dans l'ammoniaque, la potasse, la soude, la baryte, la strontiane, la chaux, on agirait d'une manière trop arbitraire, si on voulait établir quelque séparation entre ces corps. Cependant leur solubilité diminue successivement, de l'ammoniaque jusqu'à la chaux, et même à un tel point, qu'il n'est pas vraisemblable qu'ici se termine cette série. L'on peut donc concevoir un alcali tout-à-fait insoluble dans l'eau, car en supposant un corps qui opposerait à sa dissolution dans l'eau une résistance qui surpassât autant celle qu'y oppose la chaux, que la résistance de celle-ci surpasse celle de la potasse, il paraîtrait insoluble dans toutes les circonstances possibles. Il faut donc chercher une propriété dans les alcalis, indépendante de la solubilité, et nous la trouvons dans leur opposition avec les acides. La propriété bien reconnue des alcalis, de faire disparaître les propriétés les plus remarquables des acides, en même temps que de perdre eux-mêmes dans cette combinaison leurs caractères les plus distinctifs, est telle, qu'elle ne dépend ni de leur solubilité dans l'eau, ni d'aucune autre circonstance secondaire; car lorsque même la nature d'un alcali l'empêcherait de se réunir avec de certains acides, il y en aurait d'autres avec lesquels il pourrait se combiner. Ajoutons encore, ce que l'expérience nous a appris, que lorsqu'un alcali perd ses propriétés opposées aux acides, il ne conserve pas non plus les autres caractères, à l'aide desquels on a voulu distinguer les alcalis. Nous voyons donc que les caractères extérieurs de ces corps dépendent d'une propriété chimique commune à tous, c'est-à-dire, de leur propriété *anti-acide*, et que cette propriété ne dépend d'aucune autre condition. Il faut ainsi reconnaître que cette propriété est fondamentale pour les alcalis. Si l'on veut confirmer ce fait par une expérience, on peut prendre une couleur bleue végétale, et, après l'avoir fait passer au rouge par un acide quelconque, on y ajoute de la magnésie; on verra alors la couleur bleue reparaître à mesure que la dissolution de cette terre s'opérera, et en même temps la rouge s'anéantira, comme il serait arrivé, s'il avait agi avec un alcali soluble.

Tout ce que nous disons ici des alcalis, peut également être appliqué aux acides. Leur saveur, leur propriété de faire passer au rouge les couleurs bleues végétales, etc., dépendent de même de leur solubilité dans l'eau, et disparaissent quand un acide se combine avec un alcali. La propriété de faire disparaître l'alcalinité est donc la seule constante dans les acides, leur seul caractère distinctif.

Ce que nous venons de dire prouve que nous ne pouvons connaître les alcalis que par les acides, et *vice versâ*, les acides par les alcalis. Nous nous trouvons donc dans un cercle de définitions que nous ne pouvons éviter que par la méthode que nous avons déjà empoyée à l'égard des métaux. Il faut de même choisir quelque corps bien caractérisé, avec lequel on puisse comparer tous les autres, afin de déterminer avec précision la place qu'on doit leur faire occuper. Nous pouvons dire, par exemple, tout corps qui, par sa combinaison immédiate avec un autre et sans y produire de décomposition, y fait disparaître les mêmes propriétés qu'anéantit l'acide nitrique ; ce corps, disons-nous, est un acide; tandis que celui qui détruira le même genre de propriétés que l'ammoniaque, est un alcali. Plusieurs corps agissent cependant avec une action à-la-fois acide et alcaline, comme l'oxide jaune de plomb qui réagit sur les alcalis de la même manière qu'un acide, et sur les acides de la même manière qu'un alcali. L'alumine nous présente encore les mêmes phénomènes. Ces faits prouvent qu'on ne doit appeler *acides* ou *alcalis*, que les corps dans lesquels une de ces propriétés est en excès. L'acidité et l'alcalinité se trouvant ainsi réunies dans le même corps, il n'est pas possible de tirer une ligne de démarcation exacte entre ces deux classes. Pour s'en convaincre, il ne faut qu'essayer de disposer en une série les alcalis et les acides, d'après la facilité avec laquelle ils réagissent l'un sur l'autre, on ne trouvera aucun point où l'on puisse s'arrêter. Ainsi l'ammoniaque, la potasse, la soude, la baryte, la strontiane, la chaux, la magnésie, forment naturellement les premiers anneaux dela série. On pourrait avoir quelques doutes sur les corps qu'il faut placer après la magnésie, et pour ne citer que ceux difficilement réductibles, nous y rangerons la zircone, l'yttria, la glycine, l'alumine. La magnésie servira donc de transition naturelle à l'alumine, dont les propriétés acides et alcalines sont presqu'en équilibre. Après celle-ci on placera la silice, qui se combine plus facilement avec les alcalis qu'avec les acides, et qui paraît aussi les mieux neutraliser. A côté de cette terre nous placerions l'oxide de tantale, qui n'entre dans aucune combinaison avec les acides, mais fort bien avec les alcalis, et qui, d'après Klaproth, est aussi difficile à réduire que les terres proprement dites. Nous ne serons donc plus étonnés de voir dans cette série les oxides de Molybdène et de Tungstène, et cependant il n'y a qu'un pas de ces oxides aux acides chromiques et arseniques. L'acide phosphorique offre encore une grande ressemblance avec l'acide arsenique ; et auprès de cet acide se place naturellement l'acide sulfurique, et ainsi de suite. Il ne serait pas difficile de remplir par plusieurs oxides métalliques les lacunes qui se trouvent encore dans cette série, mais ce que nous venons de dire est suffisant pour prouver ce que nous voulons faire admettre. Une série complète de tous les oxides ne pourra être remplie que lorsqu'on aura examiné tous ces composés d'après des principes plus approfondis.

Après avoir reconnu que les acides et les alcalis ne forment qu'une série continue, nous devons avouer qu'il est utile, et presque nécessaire, pour s'exprimer plus facilement, de séparer en groupes par des démarcations arbitraires, un certain nombre de corps qui se distinguent par des propriétés remarquables, pour l'usage qu'on en peut faire. Ainsi l'on peut considérer comme alcalis très-solubles, l'ammoniaque, la potasse et la soude; et comme des alcalis peu solubles, la baryte, la strontiane et la chaux. Enfin, la magnésie, l'oxide de cerium et plusieurs autres oxides qui leur ressemblent, et qui sont presqu'insolubles dans l'eau, doivent être désignés comme des alcalis insolubles. On pourrait également diviser les acides d'après l'ordre de leur solubilité, en les partageant en deux classes; savoir, ceux qui sont solubles, et ceux qui ne le sont pas d'une manière sensible. Sous un autre point de vue, on pourrait les diviser en très-volatils, peu volatils et fixes, mais les limites seraient assez arbitraires. Dans la première classe on pourrait mettre ceux qui sont ordinairement gazeux; l'acide nitrique et sulfurique seraient compris dans la seconde, et les acides phosphorique, arsenique, boracique, se trouveraient dans la troisième classe. A un autre égard, les acides pourraient encore être divisés en trois classes. Dans la première seraient les acides d'une facile décomposition, comme l'acide muriatique hyper-oxidé et oxidé, et l'acide nitrique; dans la seconde, ceux d'une décomposabilité moyenne, comme l'acide sulfurique, phosphorique, arsenique et chromique. Enfin, dans la troisième seraient compris ceux qui se décomposent fort difficilement, comme l'acide muriatique, fluorique, boracique, etc., cette dernière division serait dans beaucoup de circonstances d'un usage fort commode, sur-tout si on voulait l'appliquer à tous les corps brûlés. Alors les corps brûlés regardés comme insolubles et très-difficiles à être décomposés, seraient à-peu-près la même chose que les corps considérés jusqu'à présent comme des terres.

La combinaison des acides et des alcalis

produit ce que nous appelons sels : cette expression a été employée d'une manière très-différente, selon l'époque où elle a été adoptée. On regarda d'abord la saveur comme un caractère distinctif des sels ; un peu plus tard l'attention se fixa sur la propriété qu'ils ont de se cristalliser. Enfin, dans ces derniers temps, il vint des chimistes, qui prétendirent que tous les corps solubles dans l'eau devraient être appelés *de sels :* de sorte qu'ils n'ont pas craint d'admettre l'alcohol parmi ces corps. Cependant on est maintenant assez d'accord d'appeler sels, toutes les combinaisons des acides et des alcalis. On ne trouve donc plus singulier de considérer le spath-fluor, le marbre, le spath-pesant, comme des sels, quoiqu'ils soient en même temps regardés comme des pierres. Mais si nous voulons suivre cette conséquence, nous serons forcés d'appeler sels, toute composition produite par un corps qui agit comme alcali, et par un autre qui agit comme un acide. Ainsi le verre composé de silice et de potasse, serait un sel, ce qui est au reste assez d'accord avec sa fragilité, sa transparence et sa propriété isolante, caractères qui lui sont communs avec les sels.

Les sels n'entrent point comme tels en combinaison avec les alcalis ni avec les acides; mais quand cet effet semble avoir lieu, il dépend plutôt de l'alcali qui se combine avec l'acide qu'on ajoute au sel, ou de l'acide qui s'unit à l'alcali de la substance saline. Cependant les corps brûlés dans lesquels il y a équilibre entre l'acidité et l'alcalinité, semblent faire exception à cette loi. L'eau sur-tout est dans ce cas; en général l'on peut avancer que les sels sont par leur nature fort peu différens des oxides, chez lesquels existe un équilibre assez marqué entre les propriétés acides et alcalines. Cependant les sels et les oxides doivent toujours être considérés comme une classe à part, et ceux parmi les oxides qui sont dans un état voisin de l'équilibre, sont les corps qui servent de transition aux corps salins.

Comparons à présent les trois classes que nous avons proposées.

1° Dans la première, il y a un grand nombre de corps ductiles; dans la seconde et la troisième, il n'y en a point.

2° Dans la première classe, la plus grande partie des corps sont opaques; dans les deux autres, ils sont presque tous transparens.

3° Les corps de la seconde classe sont, à peu d'exception près, beaucoup moins fusibles que ceux de la première, et en même temps beaucoup plus durs. Quant aux corps de la troisième classe, ils sont beaucoup moins fusibles qu'ils sembleraient devoir l'être, si l'on fait attention à la fusibilité de leurs parties constituantes, sur-tout quand ils sont composés des acides et des alcalis les plus énergiques.

4° Les corps de la première classe sont ordinairement de bons conducteurs de l'électricité, tandis que ceux de la seconde en sont presque tous de mauvais, tant qu'ils restent solides; mais ils deviennent de meilleurs conducteurs à l'état liquide, non pas cependant au même degré que les métaux.

Les corps de la troisième classe sont tous de mauvais conducteurs, tant qu'ils sont secs et à l'état solide. Lorsqu'ils contiennent une plus ou moins grande quantité d'eau, ils acquièrent en même temps une faculté conductrice plus ou moins considérable.

5° Les corps de chacune de ces classes forment une série d'affinité particulière, et il existe sur-tout entre la première et les deux autres, une démarcation évidente. On voit facilement que cette différence en indique beaucoup d'autres, comme, par exemple, l'insolubilité des métaux dans l'eau, leur insolubilité dans les acides sans une oxidation préalable, la propriété de prendre une surface convexe, quand on les fond dans des vases de terre, etc.

6° Ces trois classes forment, non-seulement trois séries d'affinité, mais encore trois différens degrés de composition. On pourrait les appeler les séries du premier, du second et du troisième degré de composition. Si l'on parvenait à découvrir un jour que le soufre, le phosphore, le bore et le fluore, contiennent de l'oxigène, cela ne dérangerait en aucune manière cette classification, puisque nous avons déjà regardé ces corps comme des corps de transition. Quant à ceux qui n'ont pas été décomposés jusqu'à présent, il est bien vrai que l'on doit s'attendre à ce qu'on découvrira un jour leur composition; mais d'après toutes les analogies, on peut penser que leur composition aura une forme d'activité toute différente, et qu'elle sera beaucoup plus intime que celle des corps brûlés. Cette décomposition nécessitera une nouvelle classe, et l'on ne peut pas dire avec certitude, si l'oxigène, l'hydrogène, et peut-être quelques autres élémens, y appartiendront. On peut cependant en douter, car l'on découvrira probablement en même temps un principe dont l'oxigène tient sa nature. Il est encore nécessaire d'observer, au sujet des divers degrés de composition, que beaucoup de combinaisons entre des corps d'une même classe peuvent être formées principalement par l'homogénéité de ces corps; et, dans ce cas, leur nature ne doit pas changer sensiblement. Toutes les combinaisons semblables, que l'on peut appeler avec Winterl, des combinaisons *synsomatiques*, restent au même degré de composition; celles, au contraire, qui sont effectuées par des forces opposées excédentes, comme la combinaison de l'oxigène avec les corps combustibles, entrent dans une nouvelle série d'affinité. De la même manière la combinaison entre deux alcalis ou entre deux acides, sera toujours alcaline ou acide, et non pas un sel. Mais lorsque la combinaison est produite par l'action de l'alcalinité excédente d'un côté, et de l'acidité excédente de l'autre, il se forme un corps de la troisième série, c'est-à-dire, un sel.

Nous avons commencé la classification que nous venons de présenter par rejeter la manière ordinaire de classer les corps d'après des définitions tirées de certains caractères extérieurs. Nous avons déja vu dans l'histoire de la science combien ces déterminations sont arbitraires ; et un examen plus approfondi nous a encore prouvé combien elles sont insuffisantes pour l'état actuel de nos connaissances. Nous avons donc tâché de ranger les corps d'après leurs ressemblances, en mettant à côté de chacun d'eux celui qui lui ressemblait le plus ; et nous avons surtout voulu éviter de faire des séparations quelconques fondées sur des propriétés dont l'intensité est sujette à varier. De cette manière, nous avons cru devoir établir trois classes qui ont toutes des différences aussi évidentes qu'essentielles. Si l'on nous demandait quelle est la propriété qui peut faire reconnaître avec le plus d'évidence la nature chimique d'un corps, nous répondrions que c'est l'espèce de combinaison chimique où ce corps peut entrer. Cette propriété fondamentale nous a montré une différence très-marquée entre nos trois séries. Ce n'est qu'une suite immédiate de cette différence que les corps des trois classes présentent trois différentes séries d'affinités ; mais dans cette expression, on voit plus clairement que ces corps appartiennent à des séries différentes. La troisième considération sur laquelle on doit s'appuyer pour établir une division fondamentale en chimie, c'est le degré de composition ; et nous avons vu qu'à cet égard les trois séries présentent trois degrés différens de composition. Ces trois déterminations ne sont donc qu'une même chose, envisagée sous trois points de vue différens ; cela doit même faire mieux ressortir leur importance. Ainsi nous sommes fondés à penser que notre manière de classer les corps est plus exacte et plus naturelle que celle adoptée jusqu'à présent.

Nous ajouterons encore quelques réflexions générales qui pourront servir à confirmer nos principes. Il est vraisemblable que les métaux et les autres corps brûlés sont composés d'un très-petit nombre d'élémens ; car d'abord on a quelque raison de supposer qu'un grand nombre de corps qui ont entr'eux une certaine ressemblance, doivent leurs propriétés communes à une composition analogue ; c'est aussi ce que nous observons dans tous les corps composés que nous sommes parvenus à analyser. En outre, plusieurs expériences semblent indiquer que quelques-unes des matières dont il s'agit ici, se forment, dans les animaux et les végétaux, par l'action de l'organisme. Nous trouvons enfin une nouvelle confirmation de ce que nous venons d'avancer, dans la nature métallique de la base de l'ammoniaque, que les expériences de Berzelius et de Davy ont presque démontrée, sans porter atteinte aux résultats des expériences exactes sur la composition de ce corps, que nous devons à M. Berthollet. Nous devons donc admettre, sinon avec une entière certitude, du moins avec une grande présomption, l'existence d'un métal qui n'est point simple.

Les géologues les plus éclairés ont reconnu que tous les métaux ne paraissaient pas avoir été formés à la même époque, et qu'il y en avait de différens âges. Ainsi, il est tel ou tel métal qu'on ne trouve que dans telle ou telle formation. Si l'on suppose cependant que tous ces métaux ont existé à l'époque de la formation des premières couches, on doit aussi regarder comme une conséquence de ce fait, que leurs dépôts devaient s'opérer d'après les lois des affinités chimiques, en ayant égard aux pesanteurs spécifiques et aux autres circonstances. Il paraît pourtant qu'il n'en a pas été ainsi. Entre autres exemples, on pourrait citer l'or, qui ne se trouve pas ordinairement dans les couches les plus anciennes, ce qui devrait être, si toute la quantité de ce métal qui existe avait été formée à l'époque où les couches primitives ont été déposées. On peut donc penser que, si les métaux se sont déposés successivement dans les couches de la terre, ils se sont formés d'après une certaine loi de succession, comme les matières végétales et animales dans la nature organique. On voit en effet celles-ci être composées de trois ou quatre élémens qui se combinent non-seulement dans des proportions très-variées, mais aussi dans un ordre différent; en sorte que ces matières se transforment d'une espèce dans une autre, et non-seulement par les fonctions vitales, mais encore hors des organes. On peut donc ainsi se permettre de comparer, jusqu'à un certain point, les corps inorganiques considérés comme simples, avec la série des matières végétales ou animales. Il ne faut pas, pour cela, attribuer à la terre les mêmes forces vitales que nous avons reconnues dans les animaux ou les plantes. Cela nous fait sentir que, pour suivre une marche conforme à celle de la nature, il faut ranger, d'après certaines lois, les corps en série, et non les renfermer dans les limites étroites d'une définition. Essayons donc de tracer quelques règles sur la manière de former les séries en chimie.

1° Il faut d'abord diriger son attention sur l'ensemble dont les corps qu'on veut classer sont les parties. Cet ensemble doit être aussi simple que possible pour les premières séries. Ainsi, la terre est l'ensemble dont nous avons formé les séries des corps inorganiques. On pourrait bien, si l'on voulait, regarder la terre, avec tous les corps organiques répandus sur sa surface, comme un ensemble; mais on aurait alors un ensemble trop compliqué. Il conviendrait sans doute, un jour, à un état plus parfait de la science, de former également ces séries compliquées; cependant nous devons encore nous arrêter aux plus simples. Il sera sur-tout utile d'établir un certain parallèle entre ces séries; ainsi, la résine, la cire, les huiles, pourront être mises en parallèle, dans la nature organique, avec les métaux de la nature inorganique. Leurs parties constituantes, la manière dont ils se transforment les uns dans les autres, et sur-tout la décomposition particulière qu'ils éprouvent durant l'oxidation, nous donneront un jour de grandes lumières sur la nature des métaux. Il en sera de même des parties constituantes communes à la nature organique et inorganique, sur-tout lorsqu'on aura des notions exactes sur celles qui paraissent se former de leurs élémens par les fonctions vitales. Le soufre et le phosphore ont une grande ressemblance avec les corps gras ou résineux de la nature organique, et appartiennent aux corps de transition qui tient ensemble les deux grandes divisions des corps naturels. Le carbone est pareillement un corps de transition, et l'on ne peut pas douter que cet élément n'appartienne, aussi bien qu'aucun métal, à la nature inorganique; car nous trouvons de l'acide carbonique réuni à la chaux, dans les montagnes primitives, où l'on ne trouve pas encore de traces de plantes ou d'animaux. L'azote, qui appartient principalement au règne animal, tient aussi à la nature inorganique, comme partie constituante de l'atmosphère.

2° Une série simple doit contenir des corps qui sont au même degré de développement, et les trois séries que nous avons présentées forment en effet trois degrés différens de simplicité.

3° Ces conditions servent seulement à distinguer des objets qui ne se ressemblent pas assez pour être mis dans une même série. Mais on parviendra à les remplir toutes lorsqu'on découvrira la propriété radicale d'une série, c'est-à-dire celle qui peut la distinguer de toutes les autres.

Pour découvrir cette propriété radicale, il faut exclure toutes celles qui sont susceptibles d'une intensité différente ; car une propriété qui peut s'affaiblir, peut également devenir nulle, et même aller jusqu'à une quantité négative. C'est aussi pour cela que Newton n'a admis, comme propriétés générales, que celles dont la quantité n'est pas sujète à des variations. Il y aurait seulement exception dans le cas où l'on verrait une propriété devenir une fonction de deux ou de plusieurs autres, et d'une telle manière que son minimum serait une quantité finie. On n'a pas encore reconnu, en chimie, des propriétés semblables. Ainsi, il faut prendre pour type des propriétés qui ne peuvent éprouver de diminution, comme celles d'appartenir à une certaine série d'affinités; c'est aussi la méthode qui a servi de base à notre arrangement. Quant aux corps qui appartiennent à-la-fois à deux séries d'affinités, ils ne peuvent porter aucune atteinte à cette division, cette propriété ne dépendant pas d'une faiblesse de leurs affinités.

4° Quand on découvre une propriété radicale, on trouve également une activité principale répandue dans toute la série; telle est la force de combustibilité de notre première série. Lorsqu'on veut disposer des corps quelconques en série, on doit prendre pour premier terme, celui qui possède cette propriété générale au plus haut degré, et suivre cette progression dans les mêmes principes. Ces séries peuvent être comparées avec les séries arithmétiques décroissantes, dans lesquelles la quantité diminue non-seulement jusqu'au zéro, mais encore jusqu'à une quantité négative. C'est ainsi que, dans notre première série, l'attraction pour les corps comburens passe à la propriété opposée, c'est-à-dire, à l'attraction pour les corps combustibles. Dans la seconde série, à partir des alcalis les plus énergiques, l'attraction pour les acides diminue jusqu'à zéro, passe ensuite dans la propriété contraire, ou à l'attraction pour les alcalis. Il ne faut donc pas s'étonner de voir des corps de propriété opposée dans une même série, puisque cela tient à la nature même d'une série. En général, toute opposition suppose une espèce d'homogénéité; il y a, par exemple, opposition entre deux lignes tirées en sens contraire ; mais il n'y en aura jamais entre une ligne et une surface. C'est pour cela que l'activité répandue dans toute une série est toujours composée de deux forces opposées. On pourrait appeler l'activité générale de la première classe, *activité ignifère* composée de la force de combustibilité et de la force comburente. Dans la seconde classe, c'est *l'activité neutralisante* qui agit, et celle-ci est composée de l'acidité et de l'alcalinité. La troisième série ne présente pas une opposition aussi marquée, si ce n'est entre les sels alcalins et acides. Il serait possible cependant qu'un examen dirigé d'après de nouvelles considérations, nous fît ici découvrir quelque circonstance qui nous échappe encore.

Nous ne pouvons quitter cet objet sans

faire quelques observations sur les idées qu'avaient les anciens physiciens sur les attractions chimiques. Le nom d'affinités que quelques-uns leur ont donné, suppose une certaine ressemblance naturelle ; mais nous avons vu qu'en général, ce ne sont que les corps du même degré de simplicité qui peuvent former des combinaisons chimiques. D'autres physiciens, sur-tout ceux de la plus haute antiquité, ont comparé la tendance que les corps organiques ont à se réunir, avec l'amour dans la nature organique. Quelque hasardée que soit cette comparaison, elle indique pourtant que les corps d'une nature opposée, quoique de la même classe, ont la plus grande tendance à se combiner entr'eux.

CHAPITRE II.

Des forces chimiques.

Nous allons passer maintenant à l'examen des forces qui produisent les effets chimiques, et nous commencerons par le plus étonnant de tous les phénomènes, celui du feu. La seule espèce de combustion que l'on ait bien étudiée jusqu'à présent, est celle qui résulte de la combinaison du corps brûlant avec l'oxigène. Cette espèce de combustion servira de base à toutes nos recherches ultérieures. Pour exprimer la cause de ce phénomène, on attribue au corps combustible une affinité pour l'oxigène, *et vice versâ* à celui-ci une affinité pour le corps inflammable. Lorsqu'un corps a brûlé jusqu'à un certain point, il a perdu sa faculté de brûler davantage dans les mêmes circonstances; ce qu'on exprime en disant que le corps est saturé d'oxigène jusqu'à un certain degré. Cette expression ne dit autre chose, si ce n'est que l'attraction du corps combustible pour l'oxigène est devenue si faible, qu'elle ne peut plus vaincre les forces qui s'y opposent, les circonstances restant toujours les mêmes. Mais dans des circonstances plus favorables, la combustion de ce corps pourra encore aller plus loin ; et, dans ces nouvelles circonstances, sa combustion trouvera encore des limites, et ainsi de suite jusqu'au moment où la combustion ne pourra plus s'opérer. Ce fait bien connu nous prouve que l'attraction du corps combustible pour l'oxigène est affaiblie, ou même anéantie, par une activité qui existe dans ce dernier. Si quelques corps paraissent devenir plus combustibles, en attirant un peu d'oxigène, cela dépend toujours de quelque cause secondaire. En général, il est certain et reconnu par tous les chimistes, que l'attraction des corps combustibles pour l'oxigène s'affaiblit, à mesure qu'ils s'en saturent. D'un autre côté, l'oxigène éprouve lui-même un semblable changement ; car il peut aussi se saturer du corps combustible, ou en d'autres termes perdre l'attraction chimique qu'il avait, pour entrer en combinaison avec lui. Ces deux attractions, celle du corps combustible et celle de l'oxigène, ont donc la propriété remarquable de se neutraliser mutuellement. Tous les corps combustibles nous en fournissent des exemples. Il en est même quelques-uns où la neutralisation est si parfaite, que ni la combustibilté ni la propriété comburente ne s'y manifestent qu'à l'aide des réactifs les plus énergiques. Ainsi l'acide carbonique est en même temps incombustible et incapable de servir d'aliment à la flamme des corps en ignition. L'on sait qu'on désigne en physique comme forces opposées, celles qui se détruisent mutuellement. Cette manière de parler doit être introduite en chimie, car elle fournira des expressions générales convenables aux deux attractions dont nous venons de parler. L'attraction des corps combustibles n'est pas la seule propriété qui leur soit commune. Il en existe plusieurs autres qui disparaissent et reparaissent avec elle, comme la propriété d'acquérir l'électricité positive par le contact avec des conducteurs brûlés ou moins combustibles (1), celle de se combiner aux autres corps combustibles, et sur-tout la propriété

(1) Cette propriété n'est commune aux corps combustibles, qu'autant qu'ils sont de bons conducteurs. Mais cela n'en démontre pas moins une certaine liaison avec la combustibilité.

d'agir fortement sur la lumière. On voit donc qu'en disant, pour expliquer ces phénomènes, qu'ils dépendent de l'attraction pour l'oxigène, on n'exprime pas tout ce qui résulte de la nature d'un corps combustible. C'est pour cela que nous avons préféré d'appeler cette propriété commune *la combustibilité*, et l'activité qui y préside, *la force de combustibilité*. Enfin par la même raison nous avons appelé *force comburente*, l'attraction de l'oxigène pour les corps combustibles, et toutes les attractions qui lui sont analogues.

Le résultat de ce qui précède peut être exprimé ainsi qu'il suit : la combustion est produite par l'attraction mutuelle qui existe entre la force comburente et celle de la combustibilité, forces qui ont la propriété de s'entre-détruire, et qui, par cette raison, doivent être appelées des forces opposées.

Du reste, nous ne prétendons rien expliquer par cela, mais seulement faire concevoir les faits d'une manière plus simple et plus générale. Ainsi nous ne déciderons point ici si ces forces sont des forces primitives, ou si elles ne sont que des modifications d'autres forces, ou bien même si elles sont des fluides impondérables. Nous appelons seulement la cause inconnue une force, sans rien décider sur sa nature. Nous suivons en cela l'exemple de Newton, qui, d'après les mêmes principes, appelle *force attractive*, la cause qui fait que les corps pèsent les uns vers les autres. En avouant que nous n'avons fait que donner une nouvelle expression à une chose connue, nous osons croire que cette transformation d'expression, si elle peut nous fournir des termes plus simples et plus analogues à celle des autres sciences, aura la même utilité que les transformations d'expressions en mathématique.

La suppression des forces produite par la combustion, n'en est pas un anéantissement, mais une cessation de leurs effets extérieurs. Ainsi les forces chimiques opposées existent dans les corps brûlés de la même manière que les forces mécaniques existent dans un corps qui est tenu en repos par des forces opposées, mais elles y deviennent latentes. Une force peut cependant sortir de cet état de gêne, et cela par l'action d'une autre force semblable, qui, dans des circonstances données, peut agir avec plus d'énergie. C'est ainsi que dans l'oxide du cuivre, la force de combustibilité de ce métal peut être délivrée de la contrainte que lui impose la force comburente de l'oxigène, par la plus grande force de combustibilité du fer. On doit expliquer de cette manière tous les phénomènes des affinités électriques. Il est impossible de concevoir une séparation entre deux corps, sans admettre en même temps une supression d'une des forces; car la seule attraction des deux corps pour un troisième, n'aurait d'autre effet que d'opérer une combinaison entre tous les trois.

La combinaison des corps avec l'oxigène est non-seulement accompagnée d'une suppression de forces, mais elle les fait passer dans une autre classe ou dans une autre série d'affinités, ainsi que nous l'avons déjà fait remarquer.

Quelques-uns de ces corps sont changés par la combustion en alcalis, tandis que d'autres deviennent acides. Nous avons déjà vu que les alcalis et les acides ont des propriétés qui se détruisent mutuellement; et si nous appliquons maintenant l'expression que nous avons adoptée, nous dirons que les propriétés actives dans les alcalis et dans les acides sont des forces opposées, et que la neutralité n'est que leur état d'équilibre. Il se présente ici un problème, c'est celui d'expliquer comment la même opération peut produire deux sortes d'activités tout-à-fait opposées. Pour répondre à cette question, suivons la série des faits, et examinons les conditions dans lesquelles la combustion produit l'acidité et l'alcalinité.

1° Tous les corps qui deviennent fortement alcalins par la combustion, ont la propriété de décomposer très-facilement l'eau, et de lui enlever son oxigène. Ainsi les nouveaux métaux découverts dans les alcalis et les terres alcalines, ont cette propriété à un degré éminent. Le zinc, qui s'oxide assez facilement dans l'eau, donne également un oxide qui a une force neutralisante assez considérable. Le fer est dans un cas semblable, quoique dans un moindre degré, et l'oxide que forme ce métal, mis en contact avec l'eau, agit assez fortement sur la grande quantité d'acide avec laquelle il se combine. Mais opérer la décomposition de l'eau, c'est-à-dire, enlever à l'hydrogène son oxigène, prouve une grande combustibilité dans les corps qui la produisent. Tous les corps au contraire qui deviennent acides par la combustion, ne montrent qu'une très-faible énergie pour décomposer l'eau, quand ils ne sont pas favorisée par certaines circonstances. Le soufre et le charbon, par exemple, peuvent être tenus très-long-temps dans l'eau, sans y produire la moindre décomposition. Le phosphore n'agit que faiblement sur l'eau; et quant à l'azote, s'il nous est permis de parler d'un corps aussi problématique, il est encore dans le même cas. Le bore brûle aussi facilement quand il est chauffé en contact avec l'air, mais il peut être lavé avec de l'eau sans s'oxider sensiblement. La base de l'acide fluorique, que nous n'avons encore qu'entrevue, a paru avoir la même propriété. On voit aussi que l'arsenic peut être conservé long-temps dans l'eau sans perdre son éclat métallique d'une manière sensible, quoiqu'il s'oxide si facilement à l'air. Bucholz a reconnu qu'il en est de même du molybdène, et on a encore fait la même observation sur le tungstène. Quant aux autres bases des acides, qui proviennent de la nature inorganique, elles ne sont pas assez connues sous ce point de vue, pour pouvoir en parler; mais d'après l'analogie, il paraît qu'on peut considérer le chrôme et le tantale comme fort peu oxidables par l'action de l'eau. Du reste, il est très-remarquable que l'oxidation de tous ces corps qui décomposent l'eau si faiblement, s'opère au contraire à l'air avec une grande facilité; mais toutefois, il faut observer que cette oxidation est singulièrement favorisée par la chaleur. Le phosphore lui-même n'attire pas l'oxigène de l'air, quand la température est au point de congélation.

2° Si l'on compare les quantités d'oxigène attirés par les corps qui deviennent alcalis et acides, on trouve que les premiers en prennent en général beaucoup moins que les seconds. Ainsi la plupart des alcalis bien caractérisés, contiennent moins d'un quart de leur poids en oxigène, et il n'en existe point qui en renferment la moitié. Les oxides sont dans un rapport tout opposé. Les uns offrent jusqu'aux trois quarts de leur poids en oxigène, et presque tous en contiennent plus de la moitié.

3° La comparaison entre les différens oxides d'un même corps, est encore plus instructive. Elle nous prouve que les oxides qui ont l'alcalinité la plus marquée sont toujours bien éloignés d'être saturés d'oxigène, et que les oxides les plus saturés, qui entrent en combinaison avec les acides, peuvent en être séparés par des forces beaucoup plus faibles que les oxides moins saturés. Les sulfates de fer en sont un exemple; car celui qui est peu oxidé retient son acide beaucoup plus fortement dans le feu que le sulfate de fer très-oxidé. L'acidité se manifeste au plus haut degré d'oxidation. Il est bien vrai que cette propriété existe également dans les oxides peu saturés de quelques corps ; mais au degré le plus bas d'oxidation, l'acidité devient très-faible, ou même presque nulle. Enfin dans les oxides des corps médiocrement combustibles, et qui ne sont pas combinés avec beaucoup d'oxigène, on voit l'alcalinité et l'acidité exister dans le même corps. C'est ce que l'on observe dans les oxides des métaux facilement réductibles, et dont la combinaison s'opère à-peu-près également avec les alcalis et les acides. Les corps fort combustibles saturés par une grande quantité d'oxigène, comme l'est l'hydrogène dans l'eau, par exemple, font également voir un pareil état d'équilibre.

De tout ce qui précède, on peut conclure que les corps brûlés dans lesquels il y a encore excès de la force de combustibilité, sont alcalins, mais ceux dans lesquels cette force est parfaitement détruite, et où la force comburente est au contraire en excès, sont des acides. Dans un certain état d'équilibre des forces, on trouve un équilibre d'alcalinité et d'acidité. Il ne faut pas seulement avoir égard à ce rapport, mais encore à ce que les forces parviennent par l'effet de la combustion à une forme d'activité toute nouvelle ; car la force de combustibilité n'agit plus comme telle dans les alcalis, ni la force comburente dans les acides ; l'une et l'autre sont passées dans une nouvelle série d'affinités, celle des corps brûlés. Dans quelques corps, on voit les forces agir en partie avec l'une, et en partie avec l'autre de ces deux formes d'activité. Par exemple, dans l'ammoniaque, nous voyons la combustibilité à côté de l'alcalinité, comme dans l'acide nitrique, la force comburente à côté de l'acidité. Dans quelques oxides saturés où la force comburente de l'oxigène est très-peu retenue par l'attraction contraire, on voit presque toute l'étendue de cette force, sans qu'il y ait pour cela de traces d'acidité. Les oxides saturés de plomb et de manganèse nous en donnent un exemple. L'une des forces doit donc être limitée, et, pour ainsi dire, réduite à une puissance inférieure par l'action de l'autre, avant de pouvoir produire de l'acalinité et de l'acidité. Quoi qu'il en soit, nous ne chercherons pas à expliquer la cause de ce phénomène; il nous suffit d'avoir fait voir qu'il existe un tel changement de forme d'activité.

Pour désigner ces différences, nous appellerons la première forme d'activité, celle des corps simples, et la seconde celle des corps brûlés. Nous admettrons encore que l'alcalinité est le phénomène de la force de combustibilité, et l'acidité celui de la force comburente, sous la forme d'activité existente dans les corps brûlés.

Pour bien connaître l'alcalinité et l'acidité, il faut distinguer leur intensité de leur capacité. La première se manifeste par la facilité qu'ont les alcalis ou les acides de vaincre les obstacles, ou de s'opposer à leur séparation dans des circonstances données. La capacité est en proportion de la quantité de matières opposées qui est nécessaire pour saturer un acide ou un alcali. L'intensité dépend de l'excès d'une des deux forces, de la mobilité chimique, ou de la faiblesse de la combinaison. La capacité dépend, dans les alcalis, de la quantité d'oxigène qui s'y trouve. C'est ce qu'ont prouvé les belles découvertes de Bergman, que Berzelius a tant étendues. Ainsi le premier de ces chimistes a démontré qu'un oxide peut se combiner avec d'autant plus d'acide, qu'il est plus phlogistiqué, pour nous servir de ses propres expressions, ou bien, selon notre manière de nous exprimer, qu'il est combiné avec une plus grande quantité d'oxigène. Quant aux acides, il paraît, d'après un grand nombre d'expériences anciennes, et d'après plusieurs nouvelles faites par Berzelius, que leurs capacités sont en raison des quantités de leurs bases combustibles; car on voit que les acides dans les sels neutres peuvent tantôt abandonner de l'oxigène, tantôt en prendre, sans pour cela changer leur état de neutralité (1). On pourrait donc en conclure, que si l'on sature, dans un sel neutre, dont l'acide est au maximum d'oxigénation, l'oxigène de l'acide par une plus grande quantité de combustible, le sel perdra sa neutralité, et acquerra un

(1) L'exception que les deux acides à base de phosphore paraissent faire de cette loi, mérite sans doute de nouvelles recherches. La neutralité des sulfites sulfurés lui paraissent aussi contraire, mais admet cependant plus d'une explication.

excès d'acidité; comme dans un sel à base de protoxide il y aura excès d'alcalinité quand on augmentera l'oxigène de la base. Ainsi les capacités de saturation dépendraient du degré d'abaissement dans lequel se trouve la tension d'une des forces, ou bien en d'autres termes, la capacité de saturation d'un alcali serait en raison de la quantité de son oxigène, et celle d'un acide en rapport de sa base combustible. La dernière conséquence de cette loi ne peut trouver d'application immédiate que dans la comparaison des différens oxides d'un même corps combustible. Si l'on pouvait admettre que les capacités de saturation dans les acides soient en rapport exact avec la quantité de leur force de combustibilité, nous aurions une mesure pour la force de combustibilité dans les différens corps, ce qui serait d'une grande importance. La force de combustibilité de la base d'un acide, serait d'autant plus grande, que l'acide exigerait une plus grande quantité d'alcali pour être saturé, et que la quantité de la base combustible existente dans l'acide serait moindre. En d'autres termes, la force de combustibilité de la base serait toujours égale à la capacité de saturation de l'acide divisée par la quantité de la base acidifiable. Mais pour établir un calcul exact selon cette formule, nous attendrons que Berzelius ait terminé toutes ses recherches sur les rapports des élémens des corps; car les déterminations que nous avons jusqu'à présent sur cet objet ne sont pas assez exactes. Si l'on voulait en effet appliquer cette loi aux alcalis, en disant la force comburente de l'oxigène dans un alcali est égale à la capacité de saturation de cet alcali divisé par la quantité de cet oxigène, on trouverait, en prenant les déterminations de Richter pour base, la force comburente de l'oxigène inégale dans les différentes combinaisons. Cela est cependant contraire à la loi générale sur laquelle est fondée la formule; car la capacité de saturation de l'alcali, qui est le dividende, est dans le même rapport que la quantité de l'oxigène, qui en est le diviseur.

Si nous comparons maintenant les alcalis d'après ces principes, nous trouverons que l'ammoniaque, dont la combustibilité est prépondérante, présente une grande mobilité chimique et une grande capacité de saturation. Son intensité surpasserait peut-être celle de tous les autres alcalis, si toute la force de combustibilité de sa base avait été ramenée à l'état qui convient à la seconde série. La potasse offre une très-grande intensité plutôt par la grande force de combustibilité de la base, que par sa mobilité chimique, quoiqu'elle possède aussi cette propriété dans un degré supérieur aux autres alcalis peu désoxidables, à l'exception cependant de l'ammoniaque. La potasse n'a que peu de capacité. La soude en a davantage; mais moins d'intensité que la potasse. La baryte a fort peu de capacité, avec une grande intensité, qui serait encore plus forte si elle avait plus de mobilité chimique. La strontiane a plus de capacité, mais moins d'intensité, et la chaux est à-peu-près dans le même cas. Enfin la magnésie est parmi tous les alcalis peu désoxidables, celle qui a le moins d'intensité avec le plus de capacité.

Dans les corps brûlés, où l'oxigène est en fort grande quantité en comparaison de la force de combustibilité, la capacité va plus loin encore; mais l'intensité décroissant dans le même rapport, s'affaiblit au point de perdre la faculté de vaincre la résistance des acides, et alors ils cessent d'agir comme des alcalis. D'après ces principes, les acides les plus énergiques peuvent encore contenir un germe d'alcalinité, parce que la force de combustibilité y est modifiée par l'oxigène ; mais l'intensité de cette force y est tellement affaiblie, qu'elle échappe à l'observation. La même loi s'applique également aux alcalis. Il faut qu'il existe toujours une tendance acide dans chaque alcali, puisqu'ils contiennent de l'oxigène modifié par la force de combustibilité, quoique cette faible intensité ne puisse être saisie par l'observation à côté d'une forte alcalinité.

Quant aux acides dont il s'agit ici, nous trouvons que l'acide fluorique réunit une très-forte capacité à une grande intensité. L'acide muriatique s'approche beaucoup de l'acide fluorique ; cependant le premier a une intensité et une capacité plus faibles. La capacité de l'acide carbonique est très-grande, et son intensité peu considérable. L'acide sulfurique possède au contraire une très-faible capacité, avec une grande intensité. L'acide phosphorique offre à-peu-près la même capacité, avec cependant une moindre intensité. L'acide nitrique a une capacité moyenne, mais une grande intensité. Cette intensité serait plus grande encore, si une partie de sa force comburente ne s'approchait pas trop de l'état libre. Dans l'acide muriatique suroxigéné, la force comburente existe encore dans une plus grande liberté; aussi l'acidité y est-elle beaucoup plus faible qu'on ne devrait le croire. Enfin, les acides sulfureux, nitreux, muriatique-oxigénés, sont plus décomposables et ont plus d'intensité que les acides composés avec les mêmes bases et plus d'oxigène; mais les derniers seraient sans doute plus forts s'ils pouvaient exister sans être en combinaison avec de l'eau.

Après avoir comparé les combinaisons formées par les corps combustibles et l'oxigène, nous examinerons aussi quelques autres combinaisons qui ont lieu entre certains corps opposés de la première série. Il convient d'abord de faire quelques remarques sur les combinaisons en général. La combinaison la plus simple est celle qui a lieu quand deux corps parfaitement homogènes s'unissent, comme une masse d'eau avec une autre masse de ce liquide. Cette combinaison ne doit pas être considérée comme purement mécanique, ou comme une pure accumulation, puisque les forces des deux masses sont nécessaires pour former leur adhésion. Une telle combinaison s'opère sans autre résistance que celle qui a lieu pour faire changer de place aux parties des corps, et de même sans autre changement que celui du volume. Si l'on mêle deux corps un peu moins homogènes, comme de l'eau chaude et de l'eau froide, la résistance sera encore très-petite, puisqu'elle ne sera causée que par la différence de leur pesanteur spécifique; aussi ce mélange ne produira-t-il d'autre changement que celui de la température. Des corps un peu plus hétérogènes, par exemple de l'eau et une dissolution d'un sel quelconque; deux différentes espèces d'huile, se combineront encore sans une grande résistance; mais aussi le changement est ici très-faible. La même chose a lieu quand on fait fondre ensemble deux métaux dont les propriétés ne sont pas très-différentes, par exemple l'étain et le plomb, l'or et le cuivre. L'égalité de la manière avec laquelle ces corps remplissent l'espace, fait qu'ils se réunissent facilement l'un à l'autre. Toutes ces combinaisons se font ainsi avec peu d'attraction, parce que les forces sont à-peu-près dans le même degré d'équilibre avant et après la combinaison. On pourrait appeler des combinaisons semblables *des combinaisons d'homogénéité*. Mais si l'on veut combiner des corps plus hétérogènes, on voit se produire des changemens beaucoup plus considérables. Ainsi, $\frac{1}{900}$ d'arsenic rend déjà l'or fragile ; quelques autres métaux qui sont moins éloignés de l'or, comme l'étain et le plomb, le font devenir néanmoins fragile quand on les emploie en plus grande quantité. Le même raisonnement peut être appliqué à l'argent. Ainsi, le plomb, qui s'approche plus de l'argent que de l'or, produit, par sa combinaison avec le premier, un changement moins considérable que dans le second. L'arsenic est celui qui change le plus les autres métaux; aussi, avons-nous déjà prouvé, par d'autres comparaisons, que ce métal appartient à une extrémité de la série. La propriété qu'a l'antimoine de rendre les métaux fragiles, le rapproche de l'arsenic ; et l'étain, à son tour, se rapproche de l'antimoine. Le plomb nous donne déjà un plus grand nombre d'alliages ductiles. C'est un phénomène remarquable de voir du cuivre combiné avec si peu de plomb qu'il n'exerce point d'action sur lui, rendre cependant l'or complètement fragile. Ce fait nous indique avec quelle facilité le plomb peut rendre fragile le métal qui en est fort éloigné. Le zinc est à-peu-près dans le même cas, avec la différence cependant qu'il forme, avec le cuivre, un mélange très-ductile. Le soufre produit encore un plus grand changement dans les métaux ; aussi, ses combinaisons s'opèrent-elles avec plus d'énergie. On sait que les combinaisons entre le soufre et les métaux sont accompagnées d'un dégagement de chaleur et de lumière, de sorte qu'on a plusieurs fois comparé ce phénomène à la combustion. On ne peut du moins s'empêcher de convenir que les métaux ne passent dans la seconde série par leur combinaison avec le soufre ; mais ils restent aussi dans la première, en sorte qu'on ne peut décider si c'est seulement le soufre qui donne cette propriété à la combinaison.

Passons maintenant à l'hydrogène. Ce corps nous présente le phénomène remarquable de donner avec un autre corps qui appartient bien décidément à la première série d'affinités, un composé qui appartient à la seconde. On voit que nous parlons du tellure hydrogéné. Ce phénomène n'a d'après tout ce qui précède, rien qui puisse nous surprendre. Nous avons vu que l'union des corps les plus opposés donne des produits qui n'appartiennent plus à la même série, et cela s'applique bien à l'hydrogène et au tellurium, dont le premier est éminemment combustible, et dont le second ne l'est que dans un très-faible degré, comme nous l'avons déjà remarqué. Le tellure hydrogéné se distingue aussi par des propriétés acides. Ce fait est fort contraire à ceux qui regardent l'oxigène comme le principe acidifiant, mais non pas à nous qui avons reconnu que le même principe qui produit l'acidité se trouve dans tous les autres corps, cependant en d'autant plus forte proportion qu'ils sont le moins combustibles, en sorte que l'oxigène doit contenir la plus grande quantité de ce principe. Les faits nombreux que nous présentent les combinaisons avec l'oxigène, nous ont prouvé que les acides doivent leurs propriétés à un excès de force comburente, et les alcalis les leurs à un excès de force de combustibilité. Nous avons reconnu en même temps, que le seul excès d'une de ces forces ne suffit pas pour constituer ni de l'alcalinité, ni de l'acidité, mais qu'elles doivent pour produire cet effet subir un changement, par leur attraction mutuelle. Quoique nous n'ayons pu pénétrer plus avant dans la nature de ce changement, les conditions que nous venons de citer n'en sont pas moins des lois certaines pour la formation des acides et des alcalis. Nous avons enfin reconnu que ces propriétés dont l'excès distingue soit les alcalis, soit les acides, se trouvent presque dans tous les corps brûlés, tantôt l'une en équilibre avec l'autre, tantôt l'une vaincue ou même supprimée par la propriété contraire.

Ces principes nous permettent donc bien d'admettre de l'acidité dans les combinaisons de l'hydrogène avec des corps d'une faible combustibilité, comme le tellure. Le soufre nous présente des phénomènes semblables, et rien n'empêche d'y appliquer les mêmes principes. Il paraît même que la force comburente de ce dernier corps est dans un état qui approche beaucoup de l'acidité, et qu'il faut seulement que l'attraction de l'alcalinité prépondérante d'un autre corps la mette en activité acide.

Il n'y a dans toute cette théorie qu'une seule difficulté, c'est l'existence d'une combustibilité si prépondérante dans le même corps qui a un excès de propriété acide. Nous observons à cet égard que l'hydrogène dans les deux composés dont il s'agit ici, se fait voir presque avec toute sa combustibilité. Il s'ensuit évidemment qu'il n'est pas entré avec beaucoup d'activité dans la combinaison. Mais si la petite quantité de force comburente n'a pu avoir qu'une très-faible influence sur la grande quantité de force de combustibilité sur laquelle elle devait agir, elle a dû de son côté en être beaucoup changée, ce qui l'a pu faire passer dans l'état de l'acidité. Cette explication paraît la plus naturelle, mais pour la rendre exacte, il faudrait mieux connaître la nature et les différens degrés de combinaisons que nous ne les connaissons encore.

Si même l'on ne pouvait pas du tout lever cette difficulté, il serait néanmoins hors de doute que le principe actif dans ces acides hydrogénés est la force comburente, car ils détruisent la même force dans les alcalis qu'y détruisent les acides, dont l'excès de force comburente est parfaitement avéré, et d'un autre côté les propriétés qui détruisent les alcalis dans ces acides ne sont point celles de l'hydrogène, qui conserve encore dans les hidrosulfures sa propriété combustible au point d'être capable de désoxider l'oxide du plomb contenu dans le verre blanc : mais les propriétés détruites ici sont seulement celles qui dépendent de l'acidité et que l'on voit d'ailleurs produites par la force comburente.

L'action de la pile électrique sur les sels composés d'un alcali et d'un acide hydrogéné confirme encore notre théorie. Sans discuter ici la nature de cette action, nous remarquons seulement que le même pôle qui attire l'oxigène et les acides oxigénés, attire aussi les acides hydrogénés, ce qui n'aurait pas lieu si l'hydrogène y était le principe actif; car nous savons que ce corps est attiré par le pôle négatif. On demandera peut-être pourquoi les acides hydrogénés qui ont un grand excès de combustibilité, ne sont pas, malgré leur acidité, attirés par le même pôle qui attire les autres corps combustibles. Nous répondons que la pile électrique a deux manières d'agir. Elle commence toujours (où ces deux modes d'action sont possibles), par opérer sur le corps une décomposition saline (si l'on peut s'exprimer ainsi), et quand son activité n'est que faible, elle en reste là ;

mais quand elle est bien énergique, elle opère la décomposition des corps selon leur qualité de corps brûlés. Aussi long-temps que la pile agit selon le premier de ces modes, elle attire l'alcali vers le pôle négatif, et l'acide vers le pôle positif, sans égard à leur combustibilité; de même qu'un alcali ou un acide combustible produit une autre décomposition dans un sel par son affinité de la seconde série qu'il aurait produit par celle de la première.

Les principes que nous venons d'exposer s'appliquent aussi aux huiles grasses et aux autres corps gras qui neutralisent les alcalis, sans contenir assez d'oxigène pour saturer l'hydrogène qui s'y trouve. Il paraît que le carbone y joue le même rôle que le soufre et le tellure dans les deux acides hydrogénés que nous avons examinés ici. Mais la décomposition que souffrent les corps gras dans leurs combinaisons avec les alcalis, doit être prise en considération. Ces combinaisons ayant été depuis long-temps l'objet des recherches d'un chimiste français également distingué par l'exactitude de ses expériences et la profondeur de ses vues, nous pourrons nous contenter d'avoir indiqué ici un fait qui ne devait pas échapper à notre attention.

Si nous parcourons à présent la série que nous avons proposée, nous verrons que les corps que nous avons mis à une des extrémités de la série, sont ceux qui ont le moins de pesanteur spécifique. Ainsi, d'un côté se trouvent l'ammonium, le potassium, le sodium, etc.; et de l'autre, le soufre, le phosphore, le carbone, et sur-tout l'oxigène. Les métaux, au contraire, dans lesquels les forces approchent le plus de l'équilibre, comme l'or, le platine, l'argent, sont distingués par leur densité et par leur fixité. Mais comme plusieurs circonstances ont de l'influence sur ces propriétés, il n'est pas possible de placer avec exactitude chaque corps à son rang naturel. Le même principe doit être appliqué aux corps brûlés, genre de corps plus nombreux, et où les oppositions sont plus sensibles. Ici nous trouvons que les acides, qui ont l'attraction la plus énergique pour les alcalis, sont aussi les plus volatils, et seraient vraisemblablement tous gazeux, si l'attraction pour l'eau ne les condensait pas. Il est du moins bien vrai que, parmi les différens degrés d'oxigénation d'une même base combustible, ceux dont les élémens s'attirent avec la moindre force, sont toujours gazeux, ou du moins assez volatils. On sait également que l'alcali dans lequel la force de combustibilité est la plus prépondérante, est aussi gazeux quand il ne contient pas d'eau. Enfin, les condensations produites par les combinaisons chimiques, méritent encore une grande attention. Chaque combinaison de l'oxigène avec un autre corps, exerce une condensation. Par exemple, dans les acides sulfureux et carbonique, l'oxigène s'est combiné avec une assez grande quantité de combustible sans augmenter en volume; et dans les acides phosphorique, arsénique et un grand nombre d'autres corps brûlés, l'oxigène s'est même solidifié. En effet, les oxides sont généralement plus durs et moins fusibles que les corps solides qu'ils contiennent. Ces propriétés sont donc bien au-dessous du rapport moyen entre la fusibilité et la dureté des élémens. Le seul métal qui forme un oxide très-volatil est l'osmium; aussi, est-il un de ceux dont l'attraction pour l'oxigène est la plus faible. On ne peut pas déterminer dans quel rapport sa volatilité s'écarte de la moyenne entre celle de l'oxigène et du métal ; et, pour y parvenir, les données nous manquent. La volatilité de l'oxide de l'arsenic est aussi plus grande que celui du métal ; mais elle est certainement bien loin d'atteindre la volatilité moyenne entre celle de l'oxigène et du métal. Les alcalis et les acides se condensent aussi par leurs combinaisons ; l'ammoniaque et les acides gazeux donnent un sel qui est solide, et dans lequel les parties constituantes sont dans un état de densité mille fois plus grande que dans leur état libre. Par-tout on trouve les sels neutres moins volatils que leurs parties constituantes. Ils sont aussi ordinairement moins fusibles ; à la vérité, plusieurs circonstances que nous ne sommes pas encore en état de déterminer, y ont une influence marquée. Nous croyons du moins devoir appeler l'attention sur cette circonstance remarquable, que le point de neutralisation où les forces opposées entrent en équilibre est aussi un point essentiel pour les forces qui donnent la forme aux corps.

C'est proprement à ce point de combinaison que presque tous les sels prennent la forme régulière. Il est bien vrai qu'il existe à cet égard quelques exceptions qui serviront un jour à répandre beaucoup de lumières sur la tendance des corps inorganiques à prendre des formes régulières. Au reste, toutes ces exceptions ne peuvent nous empêcher de regarder cette loi comme assez générale, car il faut bien remarquer que c'est à un seul point de la combinaison que la tendance vers une forme déterminée exerce presque toujours son effet, quoiqu'il y ait une infinité d'autres points où elle aurait pu s'arrêter s'il n'y avait pas eu une raison du contraire. On observe également qu'au terme de la neutralisation les forces chimiques sont rarement capables de vaincre une grande résistance. Ainsi un alcali n'attire que faiblement une plus grande quantité d'un acide gazeux, que celle qui est nécessaire pour sa neutralisation. Les exceptions sont à cet égard les mêmes que pour la cristallisation ; ce qui doit d'autant plus nous faire espérer d'en découvrir la loi. Tout cela nous porte à conclure que les deux forces que nous avons fait connaître sont toutes les deux expansives, mais qu'elles produisent une contraction par leur attraction mutuelle.

Nous trouvons ces forces, dans leur état libre, dans la série des corps simples, et dans celle-ci existe de même la plus grande intensité des forces chimiques. L'action chimique est un peu moins énergique, avec des forces opposées assez distinctes, dans la série des corps brûlés ; la plus faible se présente dans la série des sels neutres, où elle peut être regardée comme un effet de la force de cohésion. Dans toutes les actions chimiques connues jusqu'à présent, on n'observe d'autres forces que celles dont nous avons fait mention. Cependant il n'est aucune action chimique qui soit produite simplement par deux forces opposées ; elles résultent au contraire d'une réaction mutuelle des doubles forces. Ainsi, si nous avons deux corps, A et B, appartenans à la première série, la force de combustibilité de A, par exemple, attirera la force comburente de B ; et de même la force comburente de A la force de combustibilité de B. Cet effet est encore plus sensible dans la combinaison des alcalis avec les acides. Nous avons déjà fait voir qu'il existe une acidité latente dans chaque alcali, et une alcalinité latente dans chaque acide. Toutes ces combinaisons s'opèrent donc par l'une et par l'autre ; les actions commencent par des forces prépondérantes, mais les latentes ont une très-grande influence sur l'intimité de la combinaison. Des recherches poussées plus loin sur cet objet, seront d'une grande importance pour la théorie des sels, et elles serviront un jour à déterminer, d'après des principes généraux, la saveur, la solubilité, la saturation, et la cristallisation de ces corps. Nous remarquerons seulement que les forces alcalines et acides sont déjà des forces composées; puisqu'il y a, tant dans l'oxigène que dans le corps combustible, deux forces, quoique sous une forme plus simple. Il en résulte que toute la manière d'agir doit être, dans la seconde série, plus compliquée que dans la première. Les affinités entre les sels neutres sont beaucoup plus faibles que dans la série précédente, les forces chimiques y étant presque latentes; aussi doivent-elles y être plus compliquées.

Dans toutes nos recherches sur les actions chimiques, nous n'avons pas trouvé d'autres forces que la force de combustibilité et la force comburente, chacune étant expansive et ayant une action mutuelle contractive. C'est de cette réaction mutuelle que dépend la cohésion. Si nous ne sommes pas encore parvenus à en expliquer les différens degrés, nous avons du moins ici un principe au moyen duquel nous pouvons espérer de le concevoir un jour. Nous sommes arrivés ici à un point fort important, au point où l'identité des forces mécaniques et chimiques se manifeste.

Nous ne connaissons pas, d'une manière immédiate, l'existence des corps; nous ne l'apercevons que par certaines propriétés qui agissent sur nos organes. De telles propriétés sont l'impénétrabilité, l'étendue, la cohésion, l'attraction. Tâchons d'expliquer ces propriétés au moyen des deux forces chimiques qui ont jusqu'ici fait l'objet de nos recherches. L'activité expansive que avons reconnue dans chacune de ces deux forces, s'oppose à l'entrée de tout autre corps dans un espace déjà rempli d'une matière. Cette résistance augmente à mesure que le corps est plus comprimé, et deviendrait infinie, si ce corps devait être réduit à un point mathématique. C'est donc cette résistance, causée par les propriétés expansives des deux forces, qui empêche un corps d'occuper, en même temps qu'un autre, un espace donné. Tout ce que l'expérience nous apprend sur l'impénétrabilité des corps, est en quelque sorte renfermé dans ce que nous venons de dire. L'étendue est également une suite immédiate des propriétés expansives des deux forces, et les limites de cette étendue est le résultat de l'attraction qu'elles exercent mutuellement entr'elles. La même attraction entre les deux forces doit encore s'opposer à la séparation d'une partie d'un corps de l'autre, ce qui donne le phénomène de la cohésion. Enfin, si l'on fait la réflexion que l'activité expansive, comme agissant du centre vers le périphérie, doit trouver sa limite à la surface du corps, l'activité attractive, au contraire, comme agissant vers le centre, ne peut pas être resserrée dans les bornes d'un corps ; on voit que même l'attraction universelle doit être considérée comme un phénomène de l'action des deux forces dont il s'agit ici.

Nous pouvons concevoir à présent que les deux forces universelles dont nous venons de parler, doivent être mises hors de leur état d'équilibre par le contact, le choc, le frottement, et produire ainsi les phénomènes électriques. Chaque force étant expansive pour le corps où elle s'exerce, ne doit être qu'une répulsion entre les molécules ; ainsi deux corps dans lesquels la même force est en excès et en même temps en liberté, doivent se repousser entr'eux; mais par la même raison, deux corps qui ont deux forces contraires en liberté, s'attirent, et l'une de ces forces anéantit celle de l'autre; ce qui se passe en effet dans les phénomènes que nous présente l'électricité. Il paraît que nous pouvons conclure de toutes nos recherches précédentes :

1° Que la force de combustibilité et la force comburente sont les dernières forces chimiques auxquelles nos expériences nous ramènent.

2° Quelles sont de même les forces qui donnent aux corps toutes leurs propriétés physiques.

3° Que nous pouvons regarder ces forces comme les forces primitives et universelles des corps.

La suite de nos recherches confirmera encore ces résultats, et en fera voir les applications. Nous remarquerons cependant que, quand nous parlons des forces primitives ou fondamentales, nous ne voulons désigner autre chose que l'activité la plus simple dont nos expériences nous donnent une idée.

Ainsi, ne voulant pas entrer dans des discussions métaphysiques, nous ne déciderons pas si ces forces sont distribuées dans les différentes molécules des corps, de manière que celles dont les forces sont égales se repoussent, tandis que celles qui en ont d'opposées s'attirent, comme l'a pensé le célèbre Knight, ou enfin si ces forces sont répandues dans l'espace, sans être liées à des points semblables.

CHAPITRE III.

De l'action des forces dans le cercle chimique.

Comparons maintenant les actions connues sous le nom de galvaniques, avec ce que nous savons des forces universelles de la nature. L'expérience nous apprend que lorsque nous prenons deux métaux de combustibilité différente, et que nous les mettons d'un côté en contact entr'eux, et de l'autre avec de l'eau, le métal le plus combustible s'oxide avec beaucoup plus de célérité que hors de cette combinaison; mais si l'on mêle avec l'eau un acide qui puisse faciliter l'oxidation du métal le plus combustible, l'action est encore plus forte, et il se dégage alors des bulles d'air au métal opposé; on trouve que ce gaz est de l'hydrogène. Sans une telle combinaison, où chacun des trois corps est en contact avec les deux autres, on ne peut pas obtenir une telle augmentation d'activité. Cette combinaison, désignée sous le nom de *cercle galvanique*, pourrait être appelée avec tout autant de raison le *cercle chimique*, car nous pourrons expliquer cette action chimique par les principes que nous avons exposés.

ACD (*figure* 1) représente un cercle chimique dans lequel AC est le métal le plus combustible, et CD le moins combustible, AD un espace rempli d'eau. Comme dans ce cercle il y a des forces inégales qui agissent sur l'eau, il en résulte une nouvelle distribution de ces forces. Ainsi la force comburente de ce fluide est attirée par le métal le plus combustible, tandis que la force de combustibilité est, au contraire, repoussée par ce même métal, et doit se rassembler autour de l'autre. Le métal ne reste pourtant pas inactif dans cette action ; et la distribution des forces, qui a été commencée par l'hétérogénéité des deux métaux, est encore augmentée par l'attraction de leurs côtés opposés. L'élément comburent de l'eau se rassemble autour de A, où il trouve une force de combustibilité en excès ; il se combine ici avec la surface du métal et fait disparaître son excès de combustibilité ; mais en même temps la force comburente attire de la force de combustibilité vers les points métalliques les plus proches ; l'oxidation se renouvelle ici, et un effet semblable s'opère au contact de l'eau avec l'autre métal, avec la différence cependant que l'élément combustible de ce liquide ne se combine pas avec le métal.

Si nous examinons le mécanisme intérieur de cette action, nous voyons que la force de combustibilité est repoussée par A, et que cette répulsion va de point en point dans toute la masse liquide. Cette même force est attirée par la force de combustibilité, *z*, du métal CD. Mais la force de combustibilité dans le point *b'*, repousse aussi la même force dans le métal CD; en sorte qu'elle doit s'éloigner dans la direction de CA, jusqu'au point A, où elle est attirée par la force opposée de l'eau, qu'elle attire elle-même de son côté. De cette manière, il y a un courant continuel de la force de combustibilité dans la direction ADC, et un autre de la force comburente dans la direction ACD. Si ce courant était interrompu en quelques points, toute l'augmentation de force cesserait. Qu'on se représente un instant le cercle interrompu en C, la force de combustibilité du métal le plus combustible sera attirée vers C, par la force opposée qui s'y trouve par une suite de la rupture de l'équilibre, et, par cela même, elle sera en partie empêchée d'agir sur la force comburente de l'eau. Une pareille circonstance aura encore lieu en CD, seulement dans une direction opposée. Au reste, l'interruption du cercle, dans quelqu'autre point qu'elle pût s'opérer, produirait toujours le même effet.

L'interruption du cercle ne se fait pas ordinairement par un espace vide, mais bien par l'interposition de certains corps. Tous les corps n'interrompent point le courant; car si l'on sépare les deux métaux par un autre métal ou par du charbon, du fer carburé, ou du peroxide de manganèse, l'action n'est pas interrompue. Mais si l'on sépare les deux métaux par l'interposition d'un petit morceau de verre, de résine, de sel, ou d'oxide métallique non saturé, l'action du courant cesse d'avoir lieu. On peut également interrompre le cercle par les mêmes corps dans le milieu du fluide. Si l'on interpose entre les deux masses liquides quelqu'autre corps, comme une masse d'eau, un oxide, un alcali ou un sel dissous dans de l'eau, on a des effets proportionnés à leur faculté conductrice. Pour comparer la conductibilité de ces liquides à celle des corps solides, on renferme ces corps liquides dans des siphons de verre, et on emploie les corps solides en forme de cylindre. L'expérience prouve qu'il existe une grande différence entre les corps à l'égard de la faculté qu'ils possèdent d'établir la communication dans le cercle chimique, ou en un mot que tous les corps ne transmettent pas avec la même facilité les forces chimiques. Les métaux, par exemple, transmettent fort bien ces forces sous la forme de cylindres très-déliés, et cela à des distances très-considérables. Les siphons, remplis de fluide, doivent avoir un plus grand diamètre, et leur longueur rend la transmission beaucoup plus difficile. Les corps qui transmettent facilement les forces chimiques sont appelées *bons conducteurs*, et ceux qui les transmettent difficilement, *mauvais conducteurs*. Il existe également des médiocres conducteurs, qui tiennent le milieu entre ces deux extrêmes.

Tout ce que nous venons de dire nous a déjà été connu sous une autre forme. Nous n'avons fait ici que traduire en termes chimiques ce que les recherches galvaniques nous avaient appris. L'idée d'une faculté conductrice n'a même pas été étrangère à la chimie ; nous en avons seulement étendu l'application.

Il est nécessaire à la formation d'un cercle chimique, qu'un des conducteurs soit décomposé ; car en supposant toutes les facultés conductrices d'une nature semblable, et seulement les forces chimiques distribuées d'une manière inégale, on aura dans la figure I la force de combustibilité prépondérante en $AC = u$, celle de $CD = u + x$, celle de $AD = u + x + y$. Dans le cas où la force de combustibilité ne serait pas prépondérante dans AC, la force serait ou nulle ou une quantité négative. L'action peut ainsi être déterminée dans les trois corps comme des différences entre les forces de combustibilité; et l'action de AC et CD sur la force comburente de AD sera $= u + x - u = x$, dans la direction de AD. CD et AD agiront avec la force y dans la direction CA ou AD. L'action dans cette direction sera donc $= x + y$; mais l'action de AC et AD dans la direction opposée sera aussi $= x + y$. Ainsi l'une de ces actions fera disparaître l'autre, si aucune autre circonstance n'y intervient.

Une telle circonstance ne s'offre guère que

dans les conducteurs liquides, qui ont la propriété de se décomposer par leur réaction avec les deux autres corps : c'est ce que nous verrons dans la suite résulter d'une faible faculté conductrice. Il peut paraître singulier que tous les corps qui ont la propriété de se décomposer dans le cercle chimique, ou, comme l'exprime Volta, qui sont des conducteurs de la seconde classe, contiennent tous de l'eau. On peut remarquer, à cet égard, que tous les corps brûlés, qui ne sont pas de fort bons conducteurs, transmettent ces forces très faiblement, lorsqu'ils sont solides, et ne contiennent pas d'eau. Lorsque ces corps sont fondus par l'action de la chaleur, leur faculté conductrice augmente jusqu'à un certain point. Il est très-vraisemblable qu'on pourrait produire par cette espèce de conducteurs, des cercles chimiques à de hautes températures, sans la présence de l'eau; mais alors les expériences deviennent d'une exécution fort difficile.

Si l'on construit un cercle chimique avec un corps solide et deux liquides, de manière que le métal décompose plus facilement l'eau dans un de ces liquides que dans l'autre, la partie du corps solide, qui est en contact avec le fluide, lequel contient l'eau dans l'état le plus facile à être décomposé, agit comme un métal plus oxidable. Si au contraire un de ces liquides ne contient point d'eau, ou du moins point d'eau qui puisse se décomposer dans les circonstances données, le métal se comportera comme le corps le plus combustible, et l'acide comme un conducteur solide moins combustible; en sorte que l'eau se décomposera entre ces deux corps.

Si l'on met en contact deux métaux d'une combustibilité très-différente, sans qu'ils soient en contact avec un liquide, et qu'on les laisse environnés d'air, on aura encore un changement dans la distribution des forces. Ces deux corps peuvent alors être considérés comme n'en formant qu'un seul, dans lequel la combustibilité est inégalement distribuée. La force de combustibilité prépondérante dans une de ces parties attirera la force opposée de l'air, et en sera aussi attirée à son tour. Un effet semblable a lieu pour la force comburente, qui est en excès dans l'autre partie; et nous savons en effet que l'on peut faire paraître cette action par le condensateur électrique.

Nous pourrions déduire encore beaucoup d'autres phénomènes remarquables de considérations de ce cercle chimique, si nous n'avions pas un instrument composé de plusieurs de ces cercles, au moyen duquel nous pouvons mieux apercevoir les mêmes phénomènes. Dans la *figure* 2, FG représente un métal très-combustible ; GH un autre corps métallique qui l'est moins ; FE et HI sont deux masses homogènes d'un conducteur fluide ; EKI un métal. Les deux parties du fluide étant mises en communication par un métal, l'ensemble forme un cercle chimique en activité. Par le point le plus combustible de l'arc composé, la force comburente du fluide sera attirée vers z' ; mais la force de combustibilité sera repoussée par la force semblable en b, et attirée vers b' par la force opposée en z.

En parcourant cet espace, la partie combustible rencontrera le conducteur solide EKI, qu'elle ne peut pas pénétrer. Mais comme elle trouve aussi en z'' la force comburente attirée par b, elle est au point b''' dans les mêmes circonstances dans lesquelles elle serait à b'. Elle y paraîtra donc sous la forme de gaz ; selon le même principe, la force de combustibilité s'accumulera à b'', et la partie comburente en z'''. Cependant le plus ordinairement elle se combine avec la surface du métal en b''. Au reste, on ne peut produire cet effet avec une certaine facilité, qu'en employant les corps qui agissent le plus fortement entr'eux, comme, par exemple, le zinc, l'argent et l'acide muriatique ou sulfurique délayé.

Si EKI est composé d'un corps plus combustible, KI, et d'un moins combustible, KE; mais si au contraire FGH était un métal homogène, l'action de EKI produirait un excès de force de combustibilité en b et de forces comburentes en z. Ainsi il y aurait les mêmes dégagemens de gaz que dans le cas précédent, où FG était un métal plus combustible, et GH un métal moins combustible. On voit par-là que FGH produit dans l'autre conducteur solide, la même distribution que ce corps prendrait par lui-même, si KI était un métal plus combustible, et KE un métal moins combustible. Cette action est réciproque entre les deux corps solides. Ainsi chacun augmente dans l'autre la distribution qui y aurait naturellement eu lieu; de sorte que l'action des deux conducteurs, composés des métaux hétérogènes séparés entr'eux par des masses d'eau, exerce un effet beaucoup plus grand que celui qui serait résulté d'un seul conducteur. Le même raisonnement peut être appliqué à un cercle encore plus composé. L'action y sera toujours augmentée en raison des nombres de leurs parties, avec la différence cependant qu'y produit la diminution des facultés conductrices, effectuées par le plus grand nombre de transitions.

Nous n'entrerons pas dans les détails de tous les effets qui se présentent dans ces cercles chimiques. Leur nature, et sur-tout leur liaison avec les phénomènes fondamentaux étant déjà assez connues. Nous avons voulu seulement prouver que les phénomènes que nous avons appelés *galvaniques*, peuvent être déduits des forces chimiques. La véritable forme du cercle chimique est le cercle même; ainsi exposer un corps à l'action de ce cercle est proprement l'en rendre partie. Il faut seulement en ôter la partie fluide, ce qui est déjà effectué dans les constructions ordinaires, où ce que nous appelons un cercle chimique est arrangé dans la forme d'une pile; on a seulement besoin de prolonger les deux métaux extrêmes par des fils métalliques, et de mettre ces fils en communication avec un fluide quelconque; si l'on prend les fils d'un autre métal que ceux qui appartiennent à la pile, cela produit un petit changement qui n'est pas au reste assez grand pour avoir de l'influence dans une pile ordinaire. La nature du conducteur fluide qu'on expose à l'action du cercle, apporte aussi un petit changement dans l'action. Si nous considérons à présent toute l'action chimique dans un cercle, nous verrons qu'en partant du conducteur fluide, les matières dans lesquelles la force comburente est en excès, sont obligées de passer du côté du métal le moins combustible à celui qui l'est le plus. Mais la partie dans laquelle la force de combustibilité est prépondérante, prend une direction contraire.

Si l'on met de l'eau pure dans le courant, la partie comburente, c'est-à-dire l'oxigène, est attiré vers le métal le plus combustible, et la partie combustible de l'eau, ou l'hydrogène, vers le metal le moins combustible. Si au contraire c'est un oxide métallique en dissolution dans un acide, et qui n'appartient pas aux métaux les moins réductibles, on voit le métal réduit attiré vers le conducteur de la force comburente, et l'oxigène, ou le métal combiné avec beaucoup d'oxigène, se diriger vers le conducteur de la force de combustibilité. Lorsque l'action est très-forte et l'oxide très-peu humide, on obtient encore des réductions plus remarquables. Enfin, si l'on prend un sel dont la partie alcaline est très-peu décomposable, l'alcali est attiré par le conducteur de la force comburente, et l'acide par le conducteur opposé. Cet effet peut aussi être transmis par un grand espace de fluide, et même par des fluides hétérogènes, en sorte que le sel n'a pas besoin d'être en contact avec les deux conducteurs, ni même avec un seul, quand le cercle est formé par quelque corps fluide. Un acide ou un alcali peut passer de cette manière par un corps qui a pour lui une grande attraction, et cette transmission n'éprouve d'obstacle que dans le cas où le corps rencontre un autre corps avec lequel il forme une combinaison presqu'insoluble.

Nous voyons donc que les alcalis et les corps combustibles sont attirés d'un côté, les acides et le principe comburent de l'autre, ainsi qu'on le pouvait prévoir d'après les principes que nous avions établis. Ces décompositions sont effectuées par des attractions et des répulsions qui peuvent passer par des corps solides sans être accompagnées d'une combinaison entre les parties séparées et quelqu'autre corps visible. Les forces chimiques parviennent ici à un degré où on ne peut les porter par d'autres moyens, au moins dans cet état d'isolement. Cela semble prouver d'une manière évidente que les forces que nous avons considérées comme des forces chimiques, le sont bien en effet.

Le cercle chimique sur lequel nous avons porté notre attention, nous facilite également l'étude de la nature des forces chimiques; car, même dans le cercle chimique simple, ces forces paraissent sous la forme d'attractions et de répulsions. Mais cette propriété acquiert encore plus d'énergie dans le cercle chimique composé. Lorsqu'il est d'une force un peu considérable, et qu'il n'est fermé que très-imparfaitement par l'air, ces attractions et répulsions augmentent au point d'être rendues sensibles par l'électromètre. C'est alors que paraît évidente leur identité avec les attractions et répulsions électriques produites par le frottement.

CHAPITRE IV.

Des forces électriques considérées comme des forces chimiques.

Nous avons prouvé que les forces qui produisent les actions chimiques se retrouvent dans l'électricité, et qu'elles y existent dans leur activité la plus libre. C'est sous cette forme d'activité que nous allons les étudier maintenant, afin d'examiner comment ces forces parcourent plusieurs degrés de concentration jusqu'à la forme chimique. Mais pour donner une plus grande étendue à nos recherches, nous les dirigerons toutes comme si l'examen des faits chimiques ne nous avait rien appris à cet égard, et après avoir déduit des actions primitivement électriques tous les principaux effets chimiques, nous comparerons ces résultats avec ceux de nos recherches chimiques.

Avant tout, rappelons cependant d'une manière succincte les lois les plus générales de l'électricité. Il existe dans l'électricité deux propriétés actives d'une telle nature, que l'une fait disparaître les phénomènes de l'autre. En appelant, ainsi que nous l'avons déjà fait plusieurs fois, force toute propriété active, sans d'ailleurs décider rien sur sa nature, et en nommant opposées des forces que nous voyons s'entredétruire, nous dirons qu'il y a deux forces électriques opposées. C'est dans ce sens mathématique que nous nommerons l'*électricité positive* celle qu'acquiert le verre frotté avec de la soie; et *électricité négative*, celle que reçoit la soie. Sans vouloir décider par ces expressions entre les hypothèses proposées jusqu'à ce jour pour expliquer les phénomènes électriques.

L'on sait encore que chacune des forces électriques a une activité répulsive sur elle-même, et une attractive pour celle qui lui est opposée. Ainsi l'une de ces forces peut retenir l'autre jusqu'au point où il n'est plus possible de reconnaître des signes extérieurs de leur présence. Un corps pourrait même en contenir une quantité immense qui échapperait à nos sens. Mais si on plaçait un tel corps près d'une substance électrisée, l'attraction qu'exercerait la force prépondérante de celle-ci sur la force opposée du corps, et la répulsion qu'elle produirait sur celle de la même espèce, troubleraitbientôt l'équilibre, et ferait excéder la force positive dans une partie de ce corps, et la négative dans l'autre, laissant une zone d'équilibre entre ces deux forces. Lorsque la substance électrisée aurait cessé d'agir sur cet autre corps, les forces troublées dans leur équilibre le reprendraient par leur attraction mutuelle. Quand nous voyons un corps s'électriser de cette manière par le seul rapprochement vers un autre corps électrique, et reprendre ensuite son équilibre lorsque ce corps cesse d'agir, il faut en conclure qu'avant cette action il contenait les deux forces, mais dans un état d'équilibre. Or c'est précisément ce qui arrive avec tous les corps. Cette expérience prouve donc que tous les corps contiennent les forces électriques, mais en équilibre, et rendues latentes par leur attraction mutuelle.

Quand un corps dont l'équilibre a été troublé ainsi que nous venons de le dire, est encore plus rapproché d'une substance électrisée, l'opposition de ses propres forces augmente considérablement, la partie la plus voisine de la substance électrisée acquiert de plus en plus l'électricité opposée, et la partie la plus éloignée prend aussi toujours davantage de la même espèce que celle de la substance originairement électrique. Dans une certaine proximité qui est différente, selon les circonstances, l'électricité du second corps qui a été attirée par l'électricité du premier, se réunit à celle-ci, et disparaît en même temps, en sorte qu'il ne reste qu'une partie de l'électricité du premier corps et l'électricité de même espèce, accumulée dans la partie la plus éloignée du second. Il ne reste donc dans ces deux corps que la même sorte d'électricité, ce qui a fait regarder le résultat de cette opération comme une transmission de l'électricité du premier corps au second. D'après cette apparence, on a appelé cette manière d'électriser l'électricité par communication, pour la distinguer de celle que nous avons fait connaître sous le nom d'électricité par distribution. Il n'entre pas dans nos vues de changer cette expression, car on peut être fondé à nommer les choses selon les apparences, lorsqu'on veut simplement les reconnaître. Si l'on voulait encore se rendre compte de ce rapport par une expérience très-frappante, on pourrait mettre un conducteur isolé et armé d'une pointe, vis-à-vis d'un corps électrisé positivement.

Ce corps perdrait de l'électricité négative par la pointe, ce qui serait sur-tout sensible dans l'obscurité, et aurait ensuite l'électricité positive en excès, tout comme s'il avait été en contact avec le corps électrique. Les partisans de la doctrine de Franklin, expliqueraient ce qui se passe ici d'une manière un peu différente; mais au lieu d'entrer avec eux dans une longue discussion théorique, nous remarquerons seulement que nous nous sommes bornés ici à exprimer les faits de la manière la plus simple. L'expérience nous prouve qu'il existe deux activités différentes qui nous présentent des phénomènes parfaitement analogues. Nous avons donné à ces activités des expressions mathématiques, sans vouloir nier pour cela qu'on ne puisse les ramener à une seule force fondamentale, mais il nous paraît que ceux qui veulent regarder l'une des deux activités si parfaitement analogues, comme la pure absence de l'autre, devraient donner des preuves bien évidentes d'une supposition aussi hardie. Au reste, il ne sera pas difficile d'accorder l'hypothèse de Francklin avec les lois que nous allons faire connaître. Dans tous les cas, on sera obligé de convenir que la distribution électrique devance toujours la communication.

Ainsi, quand une des forces électriques se répand dans l'espace, le mécanisme de cet effet est tel, que cette force commence par attirer celle qui lui est opposée dans la zone la plus voisine, tandis qu'elle repousse celle de la même espèce. Elle rend donc latente celle qu'elle attire, et devient latente à son tour par l'effet de cette même force. De cette manière, la zone seconde acquiert une prépondérance de cette force, tandis qu'elle produit elle-même une nouvelle zone opposée qu'elle rend latente dans le moment suivant, et ainsi de suite. L'électricité ne découle donc pas, par les conducteurs, comme un liquide par un canal; mais elle se répand par une sorte de décomposition et de recomposition continuelles, ou bien par un acte qui trouble l'équilibre à chaque moment, et le rétablit dans l'instant suivant. On pourrait exprimer cette succession de forces opposées, qui existe dans la transmission de l'électricité, en disant que *l'électricité se répand toujours d'une manière ondulatoire.*

Ces oppositions des forces disparaissent

si vite dans les bons conducteurs, qu'il n'est pas possible des les apercevoir; mais, dans les mauvais, on peut les découvrir au moyen de l'électromètre. Cet instrument fait voir une série de zones alternatives qui contiennent + E et — E. Quand l'action électrique a laissé des traces dans de bons conducteurs, ou qu'ils n'ont pas agi comme tels, on y trouve aussi des zones alternatives, comme le prouvent les expériences suivantes. Si l'on expose un fil métallique à l'action d'une électricité trop faible pour le fondre complètement, la fusion ne s'opère que dans des parties alternatives, ce qui n'aurait certainement pas eu lieu si les forces étaient également répandues dans toutes les parties. Si, au contraire, l'électricité est assez forte pour fondre entièrement le fil métallique, on l'observe disposé en globules creux dans leur intérieur, comme s'il y avait eu un dégagement de vapeurs. En poussant encore plus loin l'action électrique, le fil est vaporisé, et ces vapeurs métalliques se condensent presque aussitôt qu'elles sont produites, ce dont on peut facilement se convaincre en plaçant un morçeau de papier au-dessous du fil métallique : on voit la vapeur condensée s'y attacher et le colorer. Cette vapeur y paraît se répandre en diverses ondulations assez analogues aux globes produits par l'action plus faible.

Ces faits prouvent, d'une manière évidente, que la transmission de l'électricité s'effectue par un changement dans l'équilibre des forces naturelles des corps, ou, en d'autres termes, que les forces électriques sont conduites par elles-mêmes, c'est-à-dire par d'autres forces électriques.

La transmission de l'électricité est donc un changement intérieur dans les forces des corps, mais un tel changement peut être considéré comme un changement chimique, dont il ne diffère que parce qu'il est momentané, l'opposition des forces étant anéantie par l'attraction mutuelle des forces elles-mêmes. A mesure que la transmission de l'électricité se fait plus lentement dans un corps, ces oppositions s'effacent aussi plus difficilement; et s'il y avait un isolateur parfait et un moyen de le rendre électrique, il ne changerait pas son état; mais il est impossible de jamais remplir cette condition. Il s'agit donc de s'assurer si un corps, dans certaines circonstances, pourrait devenir non-conducteur pour la même quantité de force qu'il aurait transmise dans d'autres circonstances. Pour résoudre ce problème, examinons les conditions dans lesquelles les corps deviennent de meilleurs ou de plus mauvais conducteurs de l'électricité.

Chaque force électrique se repoussant elle-même, n'atteint jamais l'équilibre dans un conducteur, avant d'être parvenue à sa surface. Cette loi, qui résulte de la nature même des choses, a aussi été confirmée par l'expérience. Cette tendance vers la surface n'a cependant lieu que quand la force n'est point attirée par une force contraire.

On doit sur-tout bien distinguer la propagation libre des forces électriques de leur propagation forcée. La première a lieu par l'activité indépendante d'une des forces, soit par sa propriété expansive, soit par son attraction pour la force opposée qui se trouve en équilibre dans l'espace ambiant. Il en est de même lorsque ces forces, troublées dans l'espace par des forces extérieures, se mettent en équilibre par leur propre attraction. La propagation forcée a lieu dans un corps, lorsque les deux forces opposées agissent en même temps sur lui, comme nous en voyons un exemple dans le chargement de la bouteille de Leyde. C'est aussi une propagation forcée qui a lieu lorsqu'une des forces, en trouvant une résistance inégale dans l'espace, a pu accumuler la force contraire qui ensuite réagit sur celle qui a commencé l'action. La manière ordinaire de charger la bouteille de Leyde, nous donne également l'exemple de cette sorte de transmission forcée.

La transmission de l'électricité dépend à-la-fois de son intensité (que Volta a appelée tension) et de sa quantité. L'intensité est mesurée par la grandeur des attractions et des répulsions qui sont indiquées par l'électromètre. La quantité de l'électricité peut être mesurée par une surface chargée d'électricité jusqu'à un certain degré électrométrique. Toutes choses égales d'ailleurs, la quantité d'électricité est en rapport des surfaces; mais l'intensité est, au contraire, en rapport inverse de l'espace sur lequel est répandue une certaine quantité de force. La grandeur de l'action électrique est en rapport de l'intensité et de la quantité.

Il est évident que l'électricité doit se répandre d'autant plus facilement dans l'espace, qu'elle a plus d'intensité. L'expérience nous le confirme ; car un corps électrique isolé perd, à l'air libre, une quantité d'électricité proportionnée à son intensité ; mais cette perte dépend de la transmission de l'électricité par l'air. On ne peut, à la vérité, faire des expériences semblables dans des milieux qui ne sont point gazeux ; mais des expériences nombreuses ont prouvé qu'une faible électricité était isolée, et n'agissait que par distribution, dans la même circonstance où une électricité d'une plus grande intensité aurait été facilement transmise, et eût été en état d'agir par communication.

Une électricité infinement faible serait donc isolée dans tous les corps, parce qu'il n'existe pas de corps parfaitement conducteurs. Nous pouvons en conclure que les mauvais conducteurs pourront isoler des forces électriques d'une intensité sensible, quoique très-faibles.

Plus la quantité de l'électricité est grande, plus sa transmission complète est difficile ; car la résistance causée par la répulsion s'accroîtra, à mesure que la quantité de l'électricité augmente dans un conducteur. Plus la faculté conductrice est faible, plus l'électricité est arrêtée dans chaque point, et moins elle pourra être transmise dans un temps donné. Si nous comparons à présent deux conducteurs différens, nous pourrons trouver deux quantités d'électricité dans un rapport tel qu'elles seront transmises par ces deux corps dans des temps égaux. Nous dirons donc que ces deux corps ont des facultés conductrices égales à l'égard de ces deux quantités, quelqu'inégales quelles soient pour les mêmes quantités. Si l'on prenait l'intensité électrique inégale, plus faible dans le meilleur conducteur, on trouverait encore un point où les facultés conductrices agiraient également bien. On peut donc trouver pour chaque conducteur une quantité d'électricité assez grande et une intensité assez petite, pour qu'il en résulte un isolement parfait. D'ailleurs, il est évident que l'activité intérieure est très-différente dans deux conducteurs inégaux, placés dans des conditions à pouvoir également transmettre l'électricité. Cette activité sera toujours la plus grande dans le meilleur conducteur, cependant on peut encore produire une inégalité à cet égard. Il est évident qu'une égale intensité produira une activité intérieure plus forte dans les corps qui ont la plus grande faculté conductrice. On peut donc trouver une intensité électrique assez grande pour produire dans un mauvais conducteur une activité intérieure à celle qui a lieu dans un meilleur conducteur donné.

Si nous voulons produire une transmission électrique forcée qui mette le corps dans une activité intérieure dont il ne puisse pas sortir par sa propre faculté conductrice ; ou, en d'autres termes, si nous voulons agir chimiquement sur différens corps, il faut leur donner une quantité d'électricité proportionnée à leur faculté conductrice, avec une intensité qui soit en raison inverse de cette même faculté. La plus petite quantité, avec la plus grande intensité, est celle qui a lieu par l'étincelle électrique. Cette sorte d'électricité doit être appliquée aux plus mauvais conducteurs. Dans la bouteille de Leyde, et sur-tout dans la batterie électrique, la quantité d'électricité est plus grande relativement à son intensité. C'est aussi, sous cette forme, qu'il faut l'appliquer aux meilleurs conducteurs ; mais entre ces différences, il n'y a pas une distance bien considérable, puisqu'il est possible, avec un grand conducteur d'une forte machine électrique, d'approcher beaucoup de l'action produite par une bouteille chargée. La distance qui existe entre les effets de l'électricité par frottement, et celle résultant du contact, est très-considérable; car dans cette dernière circonstance, la quantité de l'électricité est fort grande, et l'intensité extrêmement faible. On sait que Van Marum a trouvé que la pile de Volta chargeait la grande batterie du Musée de Teiler dans un moment inappréciable, et que la machine teilérienne, la plus grande qui ait jamais été construite, ne le pouvait que par une action continuée pendant plusieurs minutes. L'action d'une pile voltaique ordinaire doit par cette raison être presqu'égale à zéro, pour les mauvais conducteurs, et en même temps elle doit être fort grande pour les meilleurs.

Comparons à présent avec ces principes, ce que nous indique l'expérience. L'étincelle électrique produit une sorte de déchirure sur les mauvais conducteurs, comme, par exemple, sur le marbre, le spath calcaire, le gypse, la baryte et la strontiane carbonatées. On regarde ordinairement cet effet comme purement mécanique; mais Simon a fait voir, et nous l'avons observé nous-mêmes, que les parties de ces corps où l'étincelle électrique avait exercé son action, avait prit des propriétés alcalines, en sorte qu'il faut bien y reconnaître une action chimique. Il est encore de fait, que l'électricité a une action désoxidante sur les oxides métalliques, tandis que d'un autre côté on trouve que l'étincelle électrique opère l'oxidation des métaux. Si l'on fait passer l'étincelle électrique dans de l'huile de thérébenthine, il y a dégagement de gaz, et l'huile prend une couleur brune. Pour réussir dans cette expérience, il faut rapprocher, autant qu'il est possible, les fils métalliques qui servent à faire passer dans l'huile le courant électrique. Les autres huiles donnent des résultats analogues.

L'ammoniaque en état de gaz, ainsi que la vapeur de l'eau, se décompose très-facilement par l'étincelle électrique, comme on l'a remarqué.

Si la pile voltaïque n'agit pas sur toutes ces matières, c'est parce que leurs propriétés isolantes y opposent une trop grande résistance.

Si l'on fait agir sur l'eau l'électricité par frottement, il se passe des phénomènes propres à nous éclairer sur la nature de cette action. Ainsi le courant électrique, traversant l'eau au moyen de deux fils métalliques opposés, et ces fils étant mis en communication électrique avec la machine, il n'y a point d'action chimique, parce que l'électricité est transmise par l'eau, à mesure qu'elle se dégage. Mais si l'on fait passer les commotions électriques, par le moyen d'une bouteille de Leyde, ou si l'on fait usage de grandes étincelles, données par une forte machine, on voit la décomposition de l'eau s'opérer assez rapidement. On peut encore produire le même effet avec beaucoup moins de force, en environnant les fils métalliques qui passent dans l'eau avec quelque matière isolante, de manière que leurs extrémités soient en contact immédiat avec l'eau. Toute la quantité d'électricité appliquée alors au fil est obligée d'agir dans une espace beaucoup plus étroit, en sorte qu'elle ne peut pas être complètement transmise.

Cette action est commune à l'électricité par frottement et à celle par contact. Mais on n'a pas besoin pour cette dernière de cet isolement, car presque tous les corps sont de mauvais conducteurs pour une électricité si peu énergique ; l'eau même n'a pas une faculté conductrice suffisante pour que cette électricité y puisse produire sa plus grande action. Ce n'est que lorsqu'on a augmenté sa faculté conductrice à l'aide des sels, des acides ou des alcalis, qu'elle opère son plus grand effet. Enfin il n'y a que la force conductrice de quelques acides, par exemple, de l'acide sulfurique et nitrique concentrés, qui paraisse trop grande pour admettre une forte action chimique.

Toutes les actions connues de la pile voltaique, les oxidations et désoxidations, les attractions qu'ont les conducteurs opposés pour les alcalis et les acides, etc., toutes prouvent que ce sont les mêmes forces qui produisent l'action chimique et l'action électrique. Nous sommes donc parvenus par deux genres de preuves tout-à-fait différentes au même résultat. Nous prouverons encore dans la suite que la chaleur, la lumière, le magnétisme sont produits par les mêmes forces ; mais si toutes les actions physiques ou chimiques résultent des mêmes forces, toute leur différence dépendra du mécanisme intérieur de l'action, de leur forme d'activité, ainsi que nous sommes convenus de l'exprimer. Nous en avons déjà donné quelques exemples. La forme d'activité proprement électrique est l'état où les forces se répandent librement dans l'espace. La même activité se trouve moins libre dans la charge électrique, mais cependant mêlée avec quelque activité libre. Dans l'électrophore, on trouve encore la même activité dans un état plus resserré. Enfin on arrive jusqu'à l'état où les forces sont parfaitement latentes, comme dans les décompositions des gaz, des huiles, de l'eau, etc.

CHAPITRE V.

De la production de la chaleur et de ses lois.

DEPUIS qu'on sait faire agir de grandes forces électriques, on a su aussi, à l'aide de ces mêmes forces, produire de la chaleur; mais l'explication de ce phénomène a donné lieu à plusieurs hypothèses. Quelques physiciens n'ont pas voulu regarder cet effet comme vraiment identique avec ceux de la chaleur; mais ils ont pensé que l'électricité elle-même pouvait opérer la fusion des corps métalliques, et une dispersion de ces corps, qui donne l'apparence d'une vaporisation. D'autres ont supposé que les commotions électriques produisaient de la chaleur par une espèce de compression mécanique. Enfin il en est qui ont pensé que la matière électrique contenait de la chaleur comme un de ses élémens. Lorsqu'on envisage les choses sous ce dernier point de vue, on est porté à regarder les deux matières électriques comme deux espèces de gaz extrêmement rares, qui, par leur attraction mutuelle, se condensent et dégagent la chaleur qu'elles contiennent.

Winterl a été le premier qui a eu l'idée heureuse de considérer le calorique comme composé de deux principes de l'électricité; mais il s'est borné à indiquer ce résultat sans lui donner ce développement qui peut convertir une pensée en une théorie. Nous n'entrerons pas dans une discussion détaillée sur toutes ces hypothèses. En développant les lois de la production de la chaleur par les forces électriques, nous trouverons facilement l'occasion de faire voir combien elles sont insuffisantes.

Commençons par une série de faits.

Si on laisse l'électricité agir sur un corps qui la transmet parfaitement, on n'a pas de traces de production de chaleur. Ainsi l'on peut décharger une batterie électrique, de plus de deux cents pieds carrés, au moyen d'un fil de fer de quelques centimètres de diamètre, sans produire une chaleur sensible. Mais si l'on y substitue un fil de quelques millimètres, il s'échauffe au point d'entrer en fusion. En supposant qu'on ait trouvé pour une batterie donnée le fil le plus mince qui puisse servir à la décharger sans s'échauffer, si l'on en prend un autre d'un diamètre plus petit, il s'échauffera d'une manière sensible; et en employant successivement des fils de plus en plus minces, on parviendra à un diamètre tel que le fil deviendra rouge pendant un instant, et perdra son élasticité, tout comme s'il avait été rougi au feu. Enfin en employant un fil d'un diamètre plus petit encore, on parvient à le réduire en vapeur. Il n'est pas possible cependant d'obtenir ces gradations avec une égale facilité sur tous les métaux. Les fils de fer les présentent avec la plus grande facilité; mais dans certains métaux, les points de fusion et de vaporisation sont si voisins l'un de l'autre, qu'il est difficile de saisir l'instant où l'un de ces effets est produit. Si l'on fait usage d'une seule espèce de fil, on peut obtenir la même succession de degrés en augmentant le chargement électrique. On doit observer dans ces expériences qu'une batterie chargée à un haut degré, et qui se décharge dans un fil d'une longueur donnée, y répand son électricité de la même manière que si la batterie était plus grande, mais chargée à une moindre tension.

Ces expériences permettent de conclure que l'électricité produit d'autant plus de chaleur, qu'elle trouve plus de résistance dans les corps, pourvu toutefois qu'elle puisse y pénétrer.

Ce théorème est encore confirmé par ce fait bien reconnu, que les meilleurs conducteurs se fondent plus difficilement par l'électricité, que ce que l'on aurait dû penser, en ayant égard aux expériences faites sur de moins bons conducteurs. Ainsi, par exemple, le cuivre se fond par l'électricité avec moins de facilité que le fer ; il est aussi meilleur conducteur. Le plomb, l'étain se fondent aussi plus difficilement par l'électricité que leur fusibilité par la chaleur ordinaire nous le ferait penser. Il faut encore remarquer que les fusions électriques sont toutes produites par des quantités données de chaleur. Ainsi cette fusibilité n'est pas seulement en raison inverse de la faculté conductrice et de la fusibilité ordinaire d'un corps, mais aussi de sa capacité pour la chaleur. Ces faits doivent, ce semble, nous empêcher d'admettre avec Van Marum, que la fusion opérée par l'électricité, est entièrement différente de celle produite par la chaleur ; opinion d'ailleurs occasionée par de fort belles expériences qui démontrent que l'ordre de fusibilité par l'électricité, n'est pas la même que l'ordre de fusibilité par la chaleur. Les expériences dont nous venons de parler, sont en même temps opposées à l'hypothèse qui fait regarder la chaleur produite par l'électricité comme contenue auparavant dans les matières électriques. En effet, s'il en était ainsi, on devrait être capable de produire de la chaleur, en réunissant les deux matières électriques dans un espace où elles n'éprouveraient pas de résistance. Mais pour mieux démontrer ce que nous avançons ici, nous citerons quelques expériences de Van Marum. Dans une de ces expériences, une batterie de quarante-cinq pieds carrés d'armature a fondu quatre-vingt-quatre pouces de fil de fer d'un $\frac{1}{140}$ de pouce de diamètre. Cependant la même batterie n'a pu fondre qu'un demi-pouce d'un fil métallique d'un diamètre de $\frac{1}{35}$ de pouce. La masse fondue du fil mince a donc été seize fois plus grande que celle du fil le plus épais. Cette expérience, prise sans choix entre un très-grand nombre de semblables, prouve qu'il ne s'agit pas seulement de combiner une certaine quantité de matière électrique, mais que tout dépend de la manière dont les forces opposées se trouvent réunies.

Van Marum a encore fait d'autres expériences avec la grande machine teilerienne, qui confirment parfaitement cette proposition. Il a fait passer le courant électrique produit par la grande machine à travers un cylindre de cuivre où se trouvait placé un thermomètre, et il n'a pas vu la moindre élévation de température pendant cette transmission. En faisant passer la même quantité d'électricité à travers un cylindre de bois, le thermomètre de Fahrenheit s'est élevé dans trois minutes, de 61° à 88°; et, dans l'espace de cinq minutes, le même thermomètre était parvenu à 112°.

Dans l'aigrette qui sortait d'une petite boule de la grande machine teilerienne, le thermomètre de Fahr. s'est élevé de 63° jusqu'à 102°; et dans un air raréfié jusqu'à 151° $\frac{1}{2}$. Il faut croire que, dans le dernier cas, la plus haute température provient de ce que l'air y était renfermé, et de ce que l'air raréfié ne peut transmettre une aussi grande quantité d'électricité que l'air plus dense.

M. Charles n'a pas obtenu une aussigrande chaleur dans les expériences qu'il a faites avec M. Gay-Lussac. Il a toujours vu, au-contraire, que le thermomètre de Réaumur ne s'élevait que d'un degré ($2 \frac{1}{4}$ Fahrenheit); et on a voulu attribuer la cause de cette faible augmentation de température, à l'oxidation du fer contenu dans l'encre, dont la boule de son thermomètre était noircie. Cependant nous croyons que la différence qui existe entre les expériences de ces deux physiciens, dépend seulement des instrumens dont ils ont fait usage. Ainsi l'appareil électrique de M. Charles, composé de deux machines, était très-propre à faire voir en grand presque tous les effets de l'électricité, et surtout le chargement des batteries électriques, mais il ne pouvait pas produire ces aigrettes d'une grandeur extraordinaire que donnait la machine de Teiler.

On peut, au reste, prouver cette production de chaleur sans avoir recours à une aussi grande machine, en employant l'instrument qu'on a appelé thermomètre électrique de Kinnersley. Cet instrument consiste en un cylindre fermé de verre, soutenu dans la position verticale, par lequel on peut faire passer l'étincelle électrique au moyen de deux conducteurs. Le cylindre contient un peu d'eau colorée dans laquelle plonge l'extrémité d'un tuyau capillaire dont l'autre extrémité sort du cylindre et communique avec l'air atmosphérique. Tout l'instrument forme ainsi un thermomètre à air, arrangé pour des expériences électriques. L'inventeur de cet instrument a trouvé qu'il n'y avait pas production de chaleur quand il laissait agir l'électricité sur l'instrument isolé, pas plus que quand il mettait en contact les deux fils métalliques qui transmettaient l'électricité par l'appareil. Quand l'électricité doit passer d'un conducteur à l'autre par l'air contenu dans l'appareil, on voit cet air se dilater par la chaleur. Ce qui se passe dans cette expérience prouve qu'il y a deux espèces de dilatation; l'une momentanée, produite par l'irruption de l'étincelle; l'autre qui est durable et qui doit être attribuée à la chaleur. Plusieurs physiciens ont confondu ces deux sortes de dilatations, et ont prétendu que toute la dilatation produite dans l'air par l'étincelle électrique, n'était que passagère. Kinnersley a encore observé que l'air de son appareil se dilatait quand l'électricité devait passer au moyen d'un fil de lin d'un des conducteurs dans l'autre; et le même effet avait lieu en employant ou un fil métallique extrêmement mince, ou quelqu'autre conducteur imparfait.

Selon les principes que nous avons exposés, l'électricité par contact doit produire une plus grande chaleur dans les bons conducteurs, que l'électricité par frottement; puisque l'électricité par contact se transmet plus difficilement. Mais cette espèce d'électricité ne peut pas produire de la chaleur dans les mauvais conducteurs, puisqu'elle ne peut pas les pénétrer.

Si on met en communication de l'eau avec une pile électrique de cent élémens, le thermomètre y indique une augmentation de température; et si l'on ne permet pas à l'air dégagé de s'échapper, la chaleur s'élève alors à plusieurs centièmes du mètre thermique. Je rapporterai comme un exemple de ces phénomènes, une expérience faite avec une pile de 450 élémens; j'y ai exposé de l'eau contenue dans un petit canal en cire, dont la longueur était d'environ trois pouces sur trois lignes de largeur; ce canal était un peu élargi aux deux extrémités et au milieu pour recevoir les boules des trois thermomètres correspondans. La communication entre l'eau et la pile ayant été établie par des fils de platine, et la température de l'air étant à 10° centigrades, les thermomètres se sont peu à peu élevés ; et après quelques minutes, celui qui était le plus près du conducteur positif indiquait 20° ½ centigrades. Le thermomètre du conducteur négatif ne marquait que 18°, tandis que celui du milieu de l'eau s'était élevé jusqu'à 23°. Mais dans des fluides qui conduisent mieux que l'eau, la production de la chaleur a été plus faible. Ainsi, dans une dissolution de muriate d'ammoniaque, le thermomètre ne s'est élevé que de 3°. J'ai aussi trouvé que la chaleur était moins forte, quand j'avais rendu l'eau moins conductrice par une addition d'alcool. Le thermomètre du conducteur positif n'y a jamais indiqué plus de 18° ¾ au conducteur négatif de 16° ¼, et au milieu de 20° ½.

M. Buntzen, physicien danois, a également soumis plusieurs fluides à l'action d'une pile de quinze cents élémens, dont le conducteur humide était une dissolution du muriate d'ammoniaque. Cette grande pile a élevé la température de l'eau de 14° Réaumur jusqu'à 23°, ce qui fait 11° ¼ thermomètre centigrade ; effet plus faible que celui produit dans mes expériences, avec une de 450 élémens. La grande pile produisit, au contraire, avec une dissoulution de muriate d'ammoniaque, une élévation de température beaucoup plus considérable, et le thermomètre s'éleva à 38° Réaumur, ou en $47\frac{1}{2}$ centigrades; et lorsque l'air ne pouvait s'échapper que par un tube très-étroit, la chaleur devenait encore plus grande. Les petites différences qui existent entre les résultats de mes expériences et de celles de M. Buntzen, peuvent être attribuées à la diversité de nos conducteurs humides dans nos deux piles. Ils dépendent encore de ce qu'il avait renfermé le fluide exposé à l'action de la pile dans des tuyaux de verre; en sorte que les gaz qui se dégageaient étaient forcés d'abandonner à l'eau une partie de leur chaleur, avant de s'échapper. Les parties d'eau inégalement échauffées devaient donc peu-à-peu se mettre en équilibre.

Le dégagement de chaleur produit par la transmission de l'électricité de contact, et, à l'aide de conducteurs fluides, est un fait contraire à l'hypothèse, qui fait dependre la chaleur produite par l'électricité d'un choc ou d'une vibration mécanique; car la vibration ne peut pas être ici fort grande, et nous savons d'ailleurs combien il est difficile, pour ne pas dire impossible, de produire de la chaleur par un frottement ou un choc entre des fluides. Les dégagemens simultanés d'air et de chaleur ne s'accordent guère non plus avec la théorie reçue du calorique. Je ne veux pas dire pourtant qu'on ne puisse écarter la difficulté par quelque explication détournée ; mais on ne pourra jamais éviter de tomber dans de nouvelles contradictions.

Dans toutes ces expériences, nous avons vu que la plus grande chaleur était vers le milieu, et qu'elle était un peu plus faible au conducteur positif, et encore plus au conducteur négatif. Cette différence peut tenir à ce qu'il n'y a pas de dégagement d'air vers le milieu, et que ce dégagement n'est pas aussi considérale au pôle positif qu'au négatif.

On peut également échauffer des fils métalliques par l'électricité de contact ; il faut pour cela se servir de plaques très-larges, afin de rassembler l'électricité en grande quantité, relativement à son intensité. Il est même possible de fondre des feuilles d'or par d'assez petites piles de Volta ; et Dawy a fait échauffer des fils métalliques avec la grande pile, jusqu'au point de faire bouillir de l'eau mise en contact avec ces fils. Dans d'autres expériences, il a fait rougir un fil de platine de dix-huit pouces de longueur, tandis que des conducteurs d'un grand diamètre n'ont pas été plus échauffés par la pile électrique que par l'action des batteries électriques.

Un si grand nombre d'expériences confirme de la manière la plus positive ce que nous avons déjà avancé ; savoir : qu'un corps est échauffé, quand il est forcé de conduire une plus grande quantité d'électricité que celle qu'il aurait librement transmise.

Pour mieux comprendre les conséquences qu'on peut tirer de cette loi générale, rappelons-nous le mécanisme de la transmission des forces électriques. Nous savons que la force qui doit être transmise, attire celle qui lui est opposée, tandis qu'elle repousse celle de la même nature. Quand la force attirée est parvenue à une certaine intensité, il s'opère une combinaison entr'elle et une partie de la force attirante, en laissant la force repoussée dans un état de liberté encore plus parfait. Cette force produit par sa faculté attractive et répulsive, une nouvelle distribution, qui, un moment après, est ramenée à l'équilibre, comme l'était la première, et ainsi de suite.

Quand la transmission est parfaite, cette rupture et ce rétablissement de l'équilibre s'exécutent aussi parfaitement, et sans laisser subsister rien de ce trouble que la transmission avait causé. Au contraire, lorsque la transmission est très-imparfaite, la rupture de l'équilibre subsiste long-temps; mais aussi elle ne donne, dans chaque instant de sa durée, qu'une faible activité intérieure. Mais lorsqu'un corps participe à-la-fois de la nature des bons et des mauvais conducteurs, c'est-à-dire, qu'il ne peut pas transmettre librement la quantité des forces électriques qui lui sont présentées, et qu'il est cependant forcé par des attractions contraires d'en permettre le passage, alors il se produit ce trouble intérieur qui fait paraître les phénomènes de la chaleur. Dans la transmission parfaite, l'accumulation particulière dans chaque point est presque nulle : ici, au contraire, les forces mises en opposition ne peuvent point se mettre aussitôt en équilibre; elles s'accumulent donc jusqu'à ce qu'elles acquièrent un degré d'intensité suffisant pour rompre la résistance, et se réunir. L'instant où la première opposition n'a plus lieu est celui du *maximum* de la seconde et ainsi de suite. On pourrait comparer cette action à ce qui se passe dans une série de bons conducteurs séparés entr'eux par une petite couche d'air, lorsqu'on y fait parvenir une étincelle électrique. Cette étincelle, qui annonce un rétablissement d'équilibre, se répète successivement, quoique dans un temps presque imperceptible, dans toute la série. Que l'on se figure un espace où l'équilibre est rompu par une cause un peu différente, et dans lequel les points différemment électrisés sont plus rapprochés que dans le cas précédent, et l'on aura une idée assez claire de ce qui se passe dans un corps échauffé par l'action électrique, ou plutôt, comme nous le prouverons dans la suite, par toute action calorifique.

Cette action doit donc disparaître dans un point de l'espace, en même temps qu'elle vient s'exercer dans le suivant ; ainsi elle ne laisse point de trace, tant qu'elle n'éprouve aucun obstacle ; mais lorsqu'elle en rencontre un, l'effet est tout-à-fait différent. La force qui doit s'accumuler dans l'endroit où se trouve l'obstacle, n'ayant pas la liberté de se mettre ensuite en équilibre avec une force opposée dans la prolongation de la ligne, tourne son action vers un autre point où il y a moins de résistance, pour continuer la même manière d'agir. C'est aussi ce qui a lieu dans la réflexion de la chaleur. Quant à sa nouvelle direction, elle sera déterminée par la direction qu'elle avait auparavant, et par celle de la résistance, ce que l'on peut déterminer d'après les principes fondamentaux de la mécanique, qui indiquent cette loi, connue de tout le monde, que l'angle formé par le rayon réfléchi avec la surface réfléchissante est égal à celui que faisait avec cette surface le rayon incident. Il est facile de voir que tout ce que nous avons ici déduit de nos principes s'applique parfaitement à la chaleur rayonnante. Nous continuerons encore l'examen de cette forme d'action calorifique. Il est évident que celle-ci doit être mieux réfléchie par les surfaces qui ont un éclat métallique que par celles qui n'en ont point; car cet éclat annonce que la surface a peu d'inégalité, sur-tout dans les plus petites parties : mais nous savons aussi que les forces dont il s'agit se transmettent plus facilement à l'aide des points élevés au-dessus d'une surface que par ceux qui formeraient une surface unie. On voit donc que les corps à surface brillante doivent non-seulement réfléchir plus parfaitement la chaleur extérieure qui voudrait pénétrer, mais encore la chaleur intérieure qui voudrait s'échapper, ainsi que l'ont prouvé les belles expériences de Lesly et de Rumford. D'après nos principes, les corps les moins capables de conduire une grande quantité de forces électriques sont les plus propres à transmettre cette action calorifique ; car ils sont les plus propres pour sa production, et sa propagation n'est qu'une production continue. Le petit nombre d'expériences auxquelles on pourrait appliquer ce principe le confirme encore, et sur-tout la grande facilité que nous trouvons dans tous les gaz pour cette sorte de transmission. Il faudrait s'assurer si des huiles ne possèdent point la même faculté à un plus haut degré que tous les autres liquides.

Nous concluons de nos principes que l'action calorifique produite dans des circonstances où des forces réagissent entr'elles avec le plus d'intensité, doit aussi avoir plus de vitesse, et par conséquent pénétrer les corps plus facilement, et y être moins arrêtée. Ceci est encore confirmé par les belles expériences de MM. Prevot et Delaroche, qui ont prouvé que tous les rayons calorifiques ne jouissent pas de la même faculté de pénétrer les corps.

Il n'entre pas dans notre plan d'expliquer tous les phénomènes de la chaleur rayonnante. Cela a déjà été fait par des physiciens habiles, en partant des faits fondamentaux que nous venons ici de discuter. Il nous paraît seulement que tous ces faits s'expliquent très-bien d'après nos principes, et qu'ils en sont, en quelque sorte, comme une conséquence.

Nous avons jusqu'à présent considéré l'action calorifique dans l'état où elle traverse les corps, comme chaleur rayonnante, dans un moment imperceptible; mais nous la voyons encore prendre souvent une forme d'activité plus lente, et constituer ce que nous appellons chaleur conduite. Pendant long-temps on n'a eu égard, dans la propagation de l'équilibre de la chaleur, qu'à cette manière d'agir; mais à mesure que l'on a mieux étudié la chaleur rayonnante, on a découvert que tout ce qui regarde la communication de l'équilibre thermique entre deux corps qui ne se touchent point, doit être expliqué par les effets de cette forme de transmission. C'est même par elle seule que nous sommes parvenus à la connaissance du mécanisme qui existe dans la communication de la chaleur. Or, le contact n'étant autre chose qu'une distance infiniment petite d'un objet quelconque à un autre, on voit bien qu'il faut partir des connaissances que nous avons acquises sur la communication de la chaleur dans les diverses distances, pour arriver à la nature moins connue de ce qui se passe dans le contact.

Ajoutons encore à cela que la chaleur conduite peut se changer en chaleur rayonnante, aussi bien que la chaleur rayonnante se peut convertir en chaleur conduite. Le même corps échauffé, qui, dans l'air, donnait une très-grande quantité de chaleur rayonnante, ne communiquera, à un milieu liquide ou solide, presque rien que de la chaleur conduite, et il perdra, dans l'un et dans l'autre de ces deux cas également, son excès d'action calorifique. Il n'y a absolument aucune différence dans ces phénomènes, soit que ce corps ait été échauffé par de la chaleur rayonnante ou par de la chaleur conduite : tout dépend des corps environnans. Ainsi, nous avons quelque raison de supposer que la chaleur conduite n'est rien que de la chaleur rayonnante interceptée qui attend seulement que les circonstances lui permettent de prendre la forme qui lui est propre. La propriété qu'ont les corps à surfaces polies de retenir la chaleur, vient encore à l'appui de cette supposition. Il faut donc seulement, pour changer la chaleur rayonnante en chaleur conduite, qu'il y ait, dans l'intérieur des corps, un grand nombre de points de résistance qui puissent réfléchir les rayons, et les faire passer et repasser tant qu'ils ne trouveront aucune occasion d'abandonner le corps. De cette manière, les rayons sont en quelque sorte changés en oscillations qui disparaîtront à mesure que les rayons s'échapperont. On peut considérer chaque molécule comme un tel point réfléchissant. La chaleur conduite ne serait donc autre chose que la chaleur rayonnante retenue dans les corps par la réflexion qu'exerce sur elle chaque molécule.

D'après les principes que nous avons exposés ici, il ne sera pas difficile de concevoir la production de la chaleur soit par le choc, soit par le frottement. Les expériences les plus connues démontrent d'abord que les forces opposées sont troublées, dans leur équilibre, par le frottement. Si l'on permet à une des forces de s'éloigner, en la mettant en communication avec la terre, on a de l'électricité. Lorsque, au contraire, cette séparation des deux corps n'a pas lieu, on n'a plus qu'un changement intérieur dans l'équilibre, et par suite les divers phénomènes de la chaleur.

La production de chaleur par le frottement est contraire à la théorie, qui suppose une matière calorifique; car, d'après cette théorie, le frottement rend libre une certaine quantité de calorique que soustrait ensuite le refroidissement. Ces deux opérations alternatives peuvent être répétées à l'infini, ou plutôt jusqu'au point où les deux corps sont réduits en poussière impalpable. Mais ces corps ainsi réduits doivent encore contenir du calorique; et en effet, il n'y a pas d'expérience qui puisse faire admettre l'opinion opposée. Il faut donc, si l'on veut conserver la théorie du calorique, admettre qu'il en existe, dans chaque corps, une quantité infinie. M. de Rumfort, auquel nous devons tant de belles expériences, a changé cette observation en une expérience exacte. Il a examiné la quantité de chaleur qui se développe quand on fore un cylindre métallique, et il a également déterminé toutes les circonstances qui pouvaient avoir de l'influence sur ce phénomène. Il a trouvé qu'après avoir obtenu 837 grains de poussière métallique en forant le cylindre, il s'était développé assez de chaleur pour fondre six livres et demi de glace, quantité de chaleur capable d'élever la poudre métallique jusqu'à 66360° de Fahrenheit, ou 368,50° met. therm. Cependant ces parties métalliques n'avaient nullement perdu de leur capacité pour le calorique, ce qui aurait dû avoir lieu si la théorie du calorique, admise jusqu'à présent, était entièrement fondée. Il est bien vrai qu'on ne peut attribuer toute la chaleur produite dans ces expériences, aux parties détachées par la foration, et que le cylindre, ainsi que le fer, qui servait à forer, en ont aussi fourni une certaine quantité. Il ne faut cependant pas oublier que la chaleur commence à se dégager dans les parties les plus fortement attaquées; car il n'est pas vraisemblable que le calorique quitte les parties les moins comprimées pour se porter vers celles qui éprouvent le plus grand frottement. En n'attribuant même aux parties détachées que le dixième de la chaleur développée, cette chaleur serait encore six fois au-delà de celle qui serait nécessaire pour porter ces parties à une incandescence visible au jour ; et cependant tout ce dégagement a lieu sans changement dans la capacité.

On a voulu opposer à ce raisonnement, qu'une pièce de monnaie, soumise à l'action du balancier, ne produisait plus de chaleur lorsqu'elle ne pouvait plus être comprimée. Mais cette expérience prouve seulement, ce qui était d'ailleurs évident, que dans tous les cas où la compression agit, il n'y a plus de production de chaleur lorsqu'il n'y a plus de changement de volume. La même limite n'existe pas à l'égard de la commotion intérieure produite par le frottement. Aussi, M. de Rumford a-t-il trouvé, dans ses expériences, qu'en continuant à forer le même canon, une quantité donnée de parties détachées de ce canon rendait libre la même quantité de chaleur soit au commencement, soit à la fin de l'opération. Cet effet prouve en même temps que la compression du cylindre d'acier qui sert à forer, et celle des parties voisines dans le cylindre foré, n'ont pas une grande influence sur le dégagement de chaleur.

Il faut donc, si l'on admet une matière calorifique comme cause de la chaleur, en supposer une quantité infinie dans chaque corps; et ceux qui ne voudront pas aller si loin, seront du moins forcés à y admettre une quantité prodigieuse de cette matière fictive. C'est aussi ce que l'on fait lorsqu'on regarde le vrai zéro de la chaleur comme à une grande distance au-dessous du point de la congélation. Mais en faisant cette supposition, il faudrait indiquer quelle est la force qui retient, dans un corps, une si grande quantité d'une matière si expansive; car il est clair que cet effet ne peut être produit par la pression du calorique contenu dans les autres parties de l'espace. Du moins, si l'on veut expliquer la propagation de la chaleur selon les lois du mouvement des fluides élastiques, et sans se servir des attractions particulières, on est obligé de prétendre que le vide offre à la chaleur une transmission plus facile, et qu'il a en même temps la plus grande capacité pour la chaleur, ce qui s'éloignerait beaucoup de la vérité. D'un autre côté, si l'on regarde le calorique comme retenu dans les corps par une sorte d'attraction, cet effet ne peut dépendre de l'attraction universelle, puisque le calorique spécifique devrait alors être en proportion des forces attractives, c'est-à-dire à proportion des masses, ce qui n'est pourtant pas d'accord avec l'expérience. D'ailleurs, l'attraction qui doit retenir la chaleur ne peut pas être la même que l'attraction chimique ; car nous ne connaissons aucune attraction chimique qui attire très-fortement un corps vers tous les autres, ou bien qui fasse entrer un corps dans des combinaisons très-intimes avec eux. On pourrait encore croire que les corps ont une attraction particulière pour le calorique ; mais ce serait appuyer une hypothèse par une nouvelle hypothèse, et cependant on n'éviterait guère pour cela toutes les difficultés. Il serait en effet étonnant qu'une force aussi immense que celle qui est nécessaire pour comprimer le calorique plusieurs milliers de fois, pût être facilement vaincue par une force mécanique, comme la pression ou le choc. Enfin, quelle que soit la modification qu'on veuille donner à l'hypothèse du calorique, la grande difficulté subsistera toujours, qu'on n'a jamais prouvé qu'un corps ait perdu du calorique spécifique en dégageant de la chaleur par le frottement, et que les expériences de M. Rumford nous ont même donné un exemple du contraire.

La production de la chaleur par le choc et le frottement peut nous servir encore à prouver qu'il existe, dans tous les corps, une immense quantité des mêmes forces qui produisent la chaleur. Que l'on divise un corps autant qu'il est possible ; qu'on lui enlève autant de chaleur qu'il est possible, la propriété de devenir électrique par distribution, et de donner de la chaleur par le frottement, ainsi que par le choc et par la pression, est aussi inépuisable que la matérialité elle-même. En considérant combien ces forces sont à-la-fois universelles et inépuisables, on est confirmé dans l'opinion qu'elles sont forces fondamentales de la matière.

Nous avons vu, par ce qui précède, que c'est de la partie prépondérante d'une de ces forces que dépendent les propriétés chimiques d'un corps. Cette quantité prépondérante doit être très-petite en comparaison de celle des forces qui sont en équilibre. Un coup-d'œil attentif sur ces nombreux phénomènes où les forces chimiques sont épuisées, et l'impossibilité d'épuiser ainsi la chaleur d'un corps, suffisent pour nous en convaincre.

La dilatation des corps en général ne doit pas être attribuée à ces forces prépondérantes, mais à la propriété expansive de celles qui sont en équilibre, et qui produisent une dilatation plus ou moins grande selon l'intimité de leurs combinaisons. Si un corps occupe d'autant moins de volume que ses forces sont plus intimement réunies, ou qu'il soit d'autant plus dilaté que cette réunion est moins intime, le corps le plus échauffé, et dans lequel l'équilibre des forces est le plus troublé, doit être plus dilaté qu'un corps froid dans lequel l'équilibre serait plus intime. Ainsi, cette grande loi, que la chaleur dilate tous les corps, et que le refroidissement les resserre, se déduit facilement de nos principes.

Après avoir fixé les principes fondamentaux de la théorie de la chaleur, il faut examiner les autres lois relatives à sa production, et aux circonstances où elle disparaît.

Tous les corps contiennent de la chaleur par une suite de leur réaction continuelle les uns sur les autres, en sorte que l'équilibre est rompu à chaque moment. Les forces propres de chaque corps sont toujours en opposition contre les forces extérieures, qui tendent à rompre cet équilibre. C'est ainsi que se produit la tension qui détermine l'état de chaleur d'un corps. Si les forces opposées pouvaient parvenir à un équilibre parfait, ces corps cesseraient de réagir les uns sur les autres, c'est-à-dire de remplir un espace en contact avec les autres, ou même d'agir sur nos sens.

La chaleur diminue la cohésion des corps; elle rend mous ceux qui sont solides, et finit par les faire passer à l'état liquide. Elle augmente également la fluidité des corps liquides, et les change enfin en vapeurs. On a souvent confondu la cohésion avec la dureté. La première s'oppose à la séparation des parties, la seconde à leur déplacement. Quand il y a une homogénéité parfaite dans l'intérieur d'un corps, chaque partie a une tendance égale à se mouvoir dans toutes les directions possibles, et il ne peut pas y avoir d'obstacle au déplacement d'une partie, car sa place est indifférente. La résistance qui s'oppose à la rupture peut néanmoins être assez grande dans ce corps. Il est bien vrai que la résistance des corps solides contre le déplacement de leurs parties les empêche de se briser facilement ; mais cela ne doit pas être considéré comme un effet primitif de la cohésion, mais comme un résultat secondaire. La dureté est une suite des directions particulières qu'ont prises les forces ; elle doit donc être diminuée par la rupture de l'équilibre intérieur que l'action calorifique a produite ; car il est évident que la valeur d'une activité particulière devient plus faible par comparaison quand les autres forces augmentent. Outre cela, ces activités particulières sont encore immédiatement affaiblies par le trouble d'équilibre qui accompagne la chaleur ; et cette réaction parvient enfin à un point où ce qui restait des directions particulières disparaît dans un moment, et fait passer le corps à l'état fluide. Dans quelques corps, ce changement arrive successivement. Si la dureté n'était qu'un certain degré de cohésion, celle-ci serait égale à zéro dans les fluides ; ou du moins très-près de zéro ; ce qui est contraire aux expériences sur la cohésion. La disparition des formes cristallines, dans le moment où les corps passent de l'état solide à celui de fluidité, nous fait assez voir que la dureté et la propriété que nous appelons solidité, dépendent de cette fixité des directions, et non pas immédiatement de la cohésion. Le grand nombre d'expériences que l'on a faites sur la cohésion des corps solides, nous en fait plutôt connaître le degré de solidité, que la cohésion. Cette propriété n'est pas seulement déterminée, comme nous l'avons déjà fait sentir, par la cohésion primitive et par la dureté, mais elle l'est aussi par la ductilité; car un corps qui est trop fragile se rompt par le moindre déplacement de ses parties. La fragilité est aussi fort souvent diminuée par la chaleur, et c'est toujours la suite immédiate de cette activité. S'il existe un grand nombre d'exceptions apparentes de cette loi, elles sont produites ou par la fusibilité, ou par la volatilité inégale des élémens d'un corps; car la tendance vers une décomposition chimique produit en même temps une solution de continuité mécanique. Plusieurs sels, exposés à un air sec, tombent en efflorescence, et nous donnent l'exemple d'une division mécanique produite par une décomposition chimique. Dans les fluides, il n'y a ni fragilité ni dureté, et l'on doit les regarder comme étant au minimum de l'une et de l'autre.

Les bons conducteurs de la chaleur sont aussi les meilleurs conducteurs de l'électricité ; mais on ne peut pas admettre la proposition inverse en disant que tous les bons conducteurs de l'électricité sont aussi de bons conducteurs de la chaleur. Le charbon, le carbure de fer, et vraisemblablement les oxides saturés de plomb et de manganèse, qui sont de bons conducteurs de l'électricité, ne le sont pas pour la chaleur. Il faut cependant remarquer que ces corps sont les derniers entre les bons conducteurs électriques ; et en effet les forces qui, comme dans la chaleur, sont dans un état presque latent, supposent une beaucoup plus grande faculté conductrice pour être transmis dans un état plus libre.

La faculté conductrice des corps pour l'électricité, l'action calorifique et l'action chimique augmentent avec l'élévation de la température ; car la rupture d'équilibre, nécessaire à la transmission, y est déjà commencée. On pourrait bien objecter à cela, que les vapeurs ont beaucoup moins de faculté conductrice que les corps dont elles proviennent; mais cela doit être attribué à la grande dilatation qui y a lieu ; car la distance des parties rend toujours la transmission plus difficile.

Les mêmes principes nous font juger pourquoi la chaleur favorise en général, soit les combinaisons, soit les décompositions chimiques; car les forces chimiques étant les mêmes que les forces électriques, leurs actions doivent aussi être favorisées par les mêmes moyens, avec cette seule différence, que les forces chimiques qui sont dans l'état les plus latent, demandent une plus grande faculté conductrice pour être transmises; et puisqu'une très-faible électricité, quoique libre, peut être isolée par une couche extrêmement mince d'un mauvais conducteur, on peut supposer que les forces chimiques peuvent être tellement isolées dans un corps, qu'elles ne sortent pas de leur état par le contact le plus immédiat entre deux corps, à moins qu'elles ne soient attirées par des forces considérables, ou que leur union soit favorisée par la chaleur. On conçoit aussi que le trouble occasioné dans l'équilibre des corps par l'action de la chaleur doit les disposer à s'unir, en donnant une plus grande activité commune aux forces répandues dans les corps; en sorte que les activités particulières qui seules peuvent s'opposer à l'union, ont, par rapport à l'activité totale, moins d'influence. Enfin, il est évident que ce mouvement intérieur, cette séparation commençante des forces d'où résulte la chaleur, et qui en même temps diminue si considérablement la cohésion, doit aussi favoriser le mouvement chimique. On a depuis longtemps voulu expliquer cette influence de la température par les changemens de cohésion et de volume qui l'accompagnent; mais les principes que nous venons d'exposer, nous obligent de regarder la diminution de la cohésion et la plus grande mobilité chimique, si l'on peut s'exprimer ainsi, comme la suite d'une même cause; c'est-à-dire qu'elle dépend de ce trouble d'équilibre, qui produit la chaleur. L'expérience s'accorde aussi bien avec cette opinion. Nous connaissons, par exemple, plusieurs corps qui peuvent être mis en contact à une certaine température, sans se combiner, mais qui par une élévation de température qui ne suffit nullement pour fondre le plus fusible d'entre eux, s'unissent et deviennent liquides, effet qu'il n'est pas possible d'attribuer au faible changement de cohésion qui a lieu ici. Le même raisonnement s'applique encore avec plus de force aux phénomènes que nous présentent les gaz. La chaleur les dilate et en écarte les molécules, ce qui semblerait devoir diminuer la tendance qu'ont leurs principes pondérables pour s'unir. Mais cet effet dont l'influence se fait toujours ressentir, est souvent vaincu par une autre activité qui favorise la combinaison, et qui ne peut être une diminution de cohésion, puisque les gaz sont déjà assez dépourvus de cette propriété. Notre explication s'applique également à toutes les circonstances, et fait aisément concevoir comment la chaleur facilite le mouvement chimique, en augmentant la mobilité des forces ; en sorte qu'elle doit aussi bien faciliter les décompositions que les compositions. Ainsi tous les changemens produits dans les actions chimiques par la chaleur, résultent naturellement d'un principe simple, et en même temps lié aux autres principes que nous avons déjà établis.

Il se dégage de la chaleur dans chaque combinaison chimique qui se fait avec beaucoup d'intensité. L'on a voulu déduire ce fait de la contraction qui l'accompagne. M. Berthollet a bien senti la difficulté d'une telle explication ; aussi a-t-il présenté ce fait, sans vouloir en donner la cause, comme une loi générale. Nous ferons voir que cette loi peut être considérée comme une conséquence nécessaire des principes que nous avons exposés. On s'aperçoit déjà au premier coup-d'œil que les actions chimiques très-fortes ne sont produites que par des forces opposées très-intenses. Mais ce sont précisément des forces semblables qui doivent produire de la chaleur ; car elles tendront vers la réunion par leur attraction naturelle, tandis que leur état latent les empêchera d'être parfaitement conduites. On peut ajouter à cela que même les forces en équilibre, doivent être troublées par un tel mouvement intérieur des forces. Le résultat d'une combinaison par des forces opposées est, en général, une contraction : ainsi ces deux choses, dégagement de chaleur et contraction, sont l'effet de la même cause. Il faut cependant remarquer que la contraction n'est pas encore parvenue à son terme, avant que la chaleur produite se soit mise en équilibre avec celle des corps environnans. La combustion nous fait voir la combinaison des forces les plus opposées, et en même temps la plus grande production de chaleur. Quand la combinaison de l'oxigène avec le corps combustible s'opère par la voie humide, il se dégage ordinairement un gaz, comme du gaz nitreux, de l'acide nitrique, du gaz hydrogène, des acides sulfuriques et muriatiques affaiblis. Quoique ces dégagemens de gaz doivent absorber de la chaleur, il y en a cependant toujours un excès, ce qui ne s'accorde pas avec la théorie du calorique. Il faudrait donc croire que le métal dissous et l'oxigène déjà fort condensé dans l'acide, fournissent par leur condensation ultérieure le calorique nécessaire pour échauffer toute la masse, et en même temps les gaz et les vapeurs qui se dégagent.

Cette explication ne s'applique cependant pas à toutes les expériences de ce genre : il en est plusieurs dont le résultat est évidemment une dilatation, et non pas une contraction. Par exemple, quand le fer se dissout dans l'acide muriatique, il se produit un dégagement de gaz hydrogène, et le fer oxidé se combine en même temps avec l'acide, pour former un sel déliquescent. La grande cohérence du fer s'est donc perdue dans cette dissolution, et ce sel ramené même à un état solide, se distingue encore par une grande volatilité. Si l'on voulait supposer des condensations partielles comme celle de l'oxigène avec le fer, et de l'oxide de fer avec l'acide, et expliquer ainsi la chaleur dégagée dans ces condensations, on serait obligé de prétendre que la capacité de la dissolution métallique avec celle du gaz hydrogène dégagé est moindre que la capacité du métal dissous et de l'acide dissolvant. Mais l'hydrogène a beaucoup plus de capacité pour la chaleur que l'eau, l'acide muriatique ou le fer : en se formant, les vapeurs absorbent de la chaleur. Il faudrait donc supposer que toute cette quantité de calorique employée à la formation du gaz et des vapeurs, ainsi qu'à l'élévation de la température du liquide et de tous ces corps, provient du fer et de l'acide muriatique, c'est-à-dire, des deux corps qui ont le moins de capacité, et dont l'un est évidemment amené à un état beaucoup moins condensé.

Quand les acides et les alcalis se combinent, il doit y avoir, selon nos principes, production de chaleur ; et l'expérience le prouve. Les alcalis et les acides les plus énergiques produisent une chaleur très-intense, même les plus faibles donnent une chaleur sensible. J'ai essayé des dissolutions qui ne contenaient pas en acide et en alcali le vingtième du poids de l'eau, et qui cependant, par leur mélange, donnaient encore assez de chaleur pour faire monter le thermomètre de plusieurs degrés. On observe même qu'il y a dégagement de chaleur, lorsque l'alcali a contenu de l'acide carbonique qui s'est dégagé en état de gaz ; ce qui est contraire à la doctrine du calorique. Quand on mêle, par exemple, de l'acide sulfurique délayé avec du carbonate de chaux, il y a un dégagement de gaz acide carbonique, et formation de sulfate de chaux. Ce dernier sel et le gaz dégagé devraient donc avoir ensemble moins de capacité que le carbonate de chaux et l'acide sulfurique délayé. Nous savons encore que la combinaison de l'acide carbonique avec la chaux produit de la chaleur ; par conséquent le carbonate de chaux devrait également avoir une plus faible capacité que l'acide carbonique et la chaux pris ensemble. On est donc forcé d'admettre que toute la chaleur dégagée et celle nécessaire pour la formation du gaz, sont produites par le calorique latent de l'acide sulfurique, qui a déjà perdu une quantité de la chaleur, en se combinant avec l'eau. Tout cela devient encore plus évident en substituant l'acide nitrique à l'acide sulfurique; car Lavoisier et M. de Laplace ont prouvé que la capacité du nitrate de chaux est plus grande que celle de la chaux et de l'acide pris ensemble.

Nous avons déjà remarqué que les alcalis se combinent avec l'eau, comme si c'était un acide, et les acides, comme si c'était un alcali. Nous voyons même que la quantité d'eau retenue avec force par un acide, contient autant d'oxigène que l'alcali nécessaire à la neutralisation du même acide. Cependant les acides attirent encore l'eau au-delà de ce point de saturation; mais ils perdent peu-à-peu par leur saturation même cette force attractive. Les alcalis très-solubles sont dans le même cas; et lorsqu'ils ont pris toute l'eau nécessaire à leur cristallation, on voit qu'ils en attirent encore une grande quantité de l'air. On pourrait donc penser que les corps solides et liquides sont à-peu-près parvenus aux limites de leur attraction énergique pour l'eau, lorsqu'ils n'en soutirent plus de l'atmosphère. Il y a aussi également un certain nombre de sels qui attirent l'humidité de l'air. On a raison de croire que cette attraction des sels pour l'eau est la suite d'une attraction très-faible entre leurs élémens. Mais cependant on ne peut encore en donner une explication exacte. Il suffit de ne point voir ces faits en contradiction avec notre théorie, et de s'être assuré que toutes ces combinaisons intenses troublent l'équilibre intérieur, et produisent de la chaleur.

Un composé produit par l'union intime de deux corps qui s'attirent avec une très-grande force, se trouve, après la dispersion de la chaleur, dégagé pendant leur combinaison dans un état semblable à celui où une plus basse température mettrait des corps d'une composition moins intime. La fusibilité des oxides métalliques, qui est beaucoup moindre que la moyenne de leurs élémens, et qui le plus souvent même est au-dessous de celle du métal dont ils proviennent, confirme cette loi. En outre, ces oxides sont de mauvais conducteurs de la chaleur. Quant à la facilité de leur décomposition, il n'y a pas moyen de la comparer avec celle de leurs élémens, que nous ne connaissons pas encore. Nous n'oserons pas la faire à l'aide du raisonnement; car il y a ici un si grand nombre de circonstances possibles, que toutes les analogies ne pourraient nous conduire à un résultat assez probable : mais nous pourrons encore voir nos principes se confirmer, en ayant égard aux combinaisons des alcalis et des acides les plus énergiques. Ainsi nous voyons que deux substances gazeuses, l'une alcaline et l'autre acide, forment un corps solide, et aussi, dans d'autres cas, les sels neutres ont plus de cohérence et moins de fusibilité que la moyenne des élémens. Mais il ne faut point négliger d'avoir égard dans les sels aux alcalinités et aux acidités latentes dont nous avons parlé; car celles-ci peuvent occasionner une rupture d'équilibre dans le sel, et produire ainsi une moindre cohésion que celle qu'on avait calculée. Cela sur-tout a lieu dans les combinaisons des acides et des alcalis d'une cohérence considérable. C'est ainsi que nous trouvons que la chaux et la silice donnent des combinaisons plus fusibles que leurs élémens composans. Il est aussi certain que les élémens sont moins aisés à être décomposés dans les combinaisons fortes qu'ils ne le sont hors de leurs combinaisons. Cela est confirmé par les acides qui se décomposent le plus facilement, et qui, réunis avec un alcali, cèdent avec plus de difficulté leur oxigène à un corps combustible.

Ces mêmes acides ne sont pas aussi volatils dans leur état neutre que dans leur état libre, et ce fait s'accorde encore parfaitement avec notre théorie.

Dans les combinaisons où la rupture de l'équilibre est plus considérable que l'action des forces contractives, il se produit un état analogue à celui qui résulterait d'une température élevée. Ce sont les combinaisons d'un grand nombre de corps avec l'eau qui nous fournissent les exemples les plus évidens de cette loi. Quand un acide, un alcali, ou un sel qui attire très-fortement l'eau, se combinent avec ce fluide, il y a rupture dans l'équilibre, ainsi que nous l'avons déjà démontré; et la chaleur produite se met bientôt en équilibre avec le milieu environnant. Dans la portion de l'eau qui est très-fortement attirée par l'alcali ou l'acide, l'effet de la contraction surpasse encore le trouble de l'équilibre; mais dans l'eau excédente, le contraire a lieu. Cette eau est dans un état chimique, semblable à celui produit par une température élevée. Ainsi elle conduira mieux l'électricité, sera plus facilement décomposée, et se solidifiera moins vîte par l'abaissement de la température. Tout cela est telle ment d'accord avec l'expérience, qu'il n'est pas nécessaire de rappeler les faits particuliers qui le prouvent. Tout ce grand nombre de phénomènes que nous avons ici ramenés à un principe, ne s'explique sans de grandes difficultés dans la théorie généralement admise. La facile oxidation des métaux par l'eau mélangée, soit avec des acides, soit avec des alcalis, soit avec des sels, n'a pas été jusqu'à présent expliquée d'une manière satisfaisante. L'affinité de l'acide ou de l'alcali pour le produit de l'oxidation, quelque influence qu'elle puisse avoir sur le progrès de la solution du corps combustible, ne peut cependant pas être considérée comme la cause qui rend l'eau plus décomposable, lorsqu'elle est mêlée avec un alcali, ou un acide, ou un sel; car ces corps ne favorisent seulement pas la décomposition de l'eau dans le cas où il y a un corps combustible à dissoudre, mais ils favorisent également cette décomposition, dans le courant électrique, soit que les conducteurs s'oxident, soit qu'ils ne s'oxident pas. On n'a pas même tenté de rendre raison de l'augmentation de la conductibilité et de l'abaissement du point de congélation, qui sont cependant des phénomènes très-remarquables,

Ce n'est que relativement aux combinaisons de l'eau avec les autres corps qu'il est prouvé que les substances qui forment un composé plus fusible qu'elles ne sont elles-mêmes, y deviennent plus décomposables. On devrait, par exemple, examiner si l'élément le moins actif d'un verre composé de chaux et de silice, ou de magnésie et d'alumine, ne serait pas plus facilement désoxidé par le fer, que chaque élément dans son état de liberté.

Les grands changemens de température qui s'opèrent lorsqu'un corps passe d'un état de cohésion à un autre, s'expliquent facilement dans notre théorie ; ou plutôt leur loi n'est qu'une suite nécessaire de la loi fondamentale que nous avons établie pour la chaleur. Tout dépend dans ces phénomènes d'un changement de conductibilité et de capacité pour les forces primitives. Si l'on prend les corps de volumes égaux, la quantité d'électricité qu'ils peuvent transmettre est toujours en rapport avec la facilité de la transmission, ou, comme on l'appelle ordinairement, la faculté conductrice. Mais si, au contraire, on compare le corps à masses égales, on en trouve qui sont capables de transmettre une grande quantité de forces, sans cependant lui offrir un passage facile. On dira d'un corps qui, sous des conditions données, peut recevoir une plus grande quantité de forces qu'un autre, qu'il a plus de capacité pour ces forces. L'action qu'exerce un corps par sa propriété conductrice, doit être en raison composée de la facilité de transmission et de la quantité transmise. On pourrait appeler cette propriété résultante le *pouvoir conducteur* d'un corps. C'est ce pouvoir conducteur dont les changemens décident un si grand nombre de changemens de température.

Nous avons établi comme loi fondamentale pour l'activité calorifique, qu'il y en a production toutes les fois qu'un corps est pénétré d'une quantité des forces primitives qui excède son pouvoir de les transmettre. Il s'en suit nécessairement qu'un corps qui vient à diminuer de son pouvoir conducteur, doit augmenter en température, et que *vice-versâ*, un corps dont le pouvoir conducteur augmente, doit descendre à une température plus basse.

Cette loi, qui découle d'une manière si naturelle de notre premier principe, se trouve entièrement confirmée par les faits. Nous savons que la fusion rend les corps meilleurs conducteurs, et nous avons de même trouvé que cette opération fait disparaître une certaine quantité d'activité calorifique. L'expérience nous a fait voir que la vaporisation fait également disparaître l'activité calorifique ; mais le produit de la faculté conductrice et du volume de la vapeur, doit aussi être beaucoup plus grand que ce même produit dans la masse solide ou liquide qui s'était vaporisée. Les effets contraires au retour des vapeurs à la liquidité, et des liquides à solide, s'expliquent maintenant d'eux-mêmes, d'après nos principes.

On a dit que la dilatation de l'air augmente sa faculté conductrice, et nous pourrions acquiescer à cette assertion, comme très-propre à nous faciliter l'explication du froid produit toujours quand l'air est raréfié. Nous n'oserons cependant regarder les expériences sur lesquelles on a fondé cette assertion, comme assez concluantes. Il faut sans doute distinguer la transmission par étincelles de celle par la faculté conductrice. Si l'on ne voulait pas faire cette distinction, on serait obligé de considérer l'air atmosphérique même comme un excellent conducteur ; ce qui serait contraire à toutes nos autres expériences. Il faut aussi distinguer une action rayonnante et une action conduite pour l'électricité comme pour la chaleur. On pourrait attribuer à l'action électrique rayonnante ces attractions et répulsions électriques qui s'exercent entre des corps qui ne sont pas en contact entre eux, sans mettre les corps intermédiaires dans un état électrique indépendant; mais la transmission qui met les corps dans un état électrique plus durable, pourrait être appelée *l'action conduite.* L'action rayonnante permet aux forces électriques de deux corps qui sont éloignés entre eux, de s'attirer assez fortement pour franchir le milieu qui les sépare (en en mettant une partie dans l'état de la plus haute incandescence), et de se transporter ainsi d'un point de l'espace à l'autre. C'est cette transmission violente qui a lieu dans l'air libre, et qui s'opère encore plus facilement dans l'air raréfié, parce que le corps qui a la moindre masse est le plus facilement mis dans cet état de *surchargement*, qui est nécessaire pour cette sorte de transmission. Or, laissant indécise la question « si l'air raréfié a la même faculté conductrice que « l'air plus dense, » nous pouvons toujours assurer que l'augmentation de la capacité conductrice produite par la dilatation, l'emporte de beaucoup sur le changement qui pourrait en même temps s'opérer dans la faculté conductrice ; en sorte que le pouvoir conducteur de l'air doit être beaucoup augmenté par la dilatation de l'air, et diminué par sa compression. Ainsi nos principes exigent que la dilatation de l'air produise un abaissement de sa température, et que sa compression, au contraire, l'augmente ; elle est donc encore ici conforme avec l'expérience.

On avait observé qu'un grand nombre de dégagemens de chaleur est accompagné d'une diminution de la capacité pour l'action calorifique, et que d'un autre côté il y a souvent une augmentation de capacité où la chaleur disparaît. Cette observation a donné lieu à une loi trop généralisée, c'est-à-dire que tout dégagement de chaleur qui s'opère dans un corps ou dans un mélange de plusieurs corps, doit son origine à une diminution de capacité, et que toute absorbtion de chaleur dépendait d'une augmentation de la capacité pour la chaleur. A la vérité, quelle que soit d'ailleurs la théorie de la chaleur qu'on adopte, il paraît assez naturel de croire qu'un corps qui, après avoir abandonné une quantité de ses forces calorifiques, se tient encore à la même température, en équilibre avec l'action calorifique des corps environnans, doit aussi, toutes les autres conditions égales, exiger une moindre quantité des mêmes forces pour garder cet équilibre à une température différente. Nous ferons usage du même raisonnement dans notre théorie; mais nos recherches antérieures nous ont fait voir qu'on avait donné trop de latitude à la loi qu'on avait établie. Nous avons trouvé que l'union des deux corps qui ont des forces opposées, donne une production de chaleur, sans pour cela diminuer les forces calorifiques qui y existaient auparavant. Nous avons aussi trouvé que le seul trouble qu'opère une attraction chimique dans l'équilibre, peut exciter une action calorifique, indépendante de celle qui y existait avant le mélange. Ainsi nous devons faire une restriction, indiquée aussi par l'expérience, dans la loi dont nous venons de parler, en admettant seulement que le dégagement de chaleur est accompagné d'une diminution de la capacité où il n'y a point lieu de l'action calorifique produite par la réaction des forces primitives. De cette manière, les principes généraux se concilient bien avec l'expérience, si nous en exceptons une seulement faite dans le dernier temps, qui indique une moindre capacité pour les vapeurs de l'eau que pour l'eau liquide ; mais les auteurs de cette expérience ne la regardent pas eux-mêmes comme assez concluante. Si un tel résultat se confirmait, il nous obligerait à un grand nombre de nouvelles recherches.

Quand la fusion s'opère par des forces chimiques, la rupture d'équilibre devrait produire de la chaleur ; mais l'augmentation de la conductibilité doit en même temps produire du froid, et cela s'accorde parfaitement avec l'expérience. Ainsi pour que les alcalis, les acides et les sels produisent du froid en les mêlant avec de la glace, il faut qu'ils soient combinés avec une certaine quantité d'eau ; et c'est en se combinant avec ce liquide, qu'ils dégagent une assez grande quantité de chaleur. Lorsque ces corps sont saturés jusqu'à un certain point, une nouvelle addition de ce fluide ne fait plus dégager du calorique, parce que l'eau qu'on fait entrer dans la combinaison gagne en faculté conductrice, et produit ainsi assez de froid pour balancer la chaleur qui devrait se développer par sa rupture de l'équilibre intérieur. C'est dans cet état que, mélangés avec la neige, ils opèrent le plus grand abaissement dans la température. On conçoit ainsi facilement que le même corps qui, mélangé avec l'eau, développe de la chaleur, puisse produire du froid avec la glace. Mais lorsqu'un sel cristallisé fait abaisser la température en se dissolvant dans un acide, cet effet doit être attribué à l'augmentation de la faculté conductrice dans le sel, qui passe de l'état solide à l'état fluide. C'est sur-tout l'eau de cristallisation qui produit cet effet, l'acide en étant déjà saturé. L'action d'un acide sur un sel anhydre, doit être presque toujours assez forte pour développer plus de chaleur par le trouble de l'équilibre, que du froid par l'augmentation de la faculté conductrice. Il y a enfin grande apparence que les acides perdent souvent plus de leur faculté conductrice en se combinant avec un sel, que le sel ne gagne par sa dissolution.

Il serait fort intéressant de déterminer la grandeur de l'influence de la conductibilité électrique sur les changemens de température. Cela serait de la plus grande importance, non-seulement en soi-même, mais aussi en nous mettant en état de déterminer la grandeur des attractions chimiques par la chaleur qu'elles produisent ; ce qui servirait de base à des recherches de mathématique chimique.

Avant de quitter ce sujet, il nous faut examiner une circonstance de ce phénomène. On observe que l'échauffement d'un corps est accompagné dans certaines circonstances, d'une augmentation de combustibilité, et que le froid se montre avec un excès de force comburente. Ainsi l'on croit reconnaître qu'une pointe électrisée positivement produit une sensation de chaleur, tandis que celle qui possède l'électricité opposée produit une sensation de froid. On pourrait attribuer la sensation de chaleur au trouble de l'équilibre dans la peau, et celle de froid à l'évaporation que Schübler a reconnue dans tous les corps refroidis par l'électricité En se mettant soi-même en communication avec une pile galvanique, on éprouve un sentiment de froid à la partie du corps en contact avec le pôle positif, tandis que celle exposée au pôle négatif ressent de la chaleur. Cet effet est sur-tout le plus marqué, lorsqu'on ne met qu'un doigt en contact avec chaque conducteur. Mais si l'on prend une pile très-forte (nous la supposons de 300 élémens), on éprouve ces sensations d'une manière tout-à-fait opposée. On peut aussi construire une pile d'une grandeur moyenne, telle que l'on a le sentiment de la chaleur aux deux pôles. Au reste, la grandeur de la pile doit être modifiée selon la sensibilité de celui qui se soumet à l'expérience. Ritter, qui a découvert ce phénomène remarquable, a également observé que la saveur produite sur la langue par les conducteurs galvaniques, peut être également renversée ; en sorte que l'on a toujours le sentiment de la chaleur du même côté où l'on obtient une saveur alcaline, et le froid au pôle où l'on éprouve la saveur acide. Cette particularité, quelque remarquable quelle soit, ne prouve rien sur la nature de la chaleur. Ses actions qui ont lieu dans les corps vivans, sont encore trop obscures pour que l'on en puisse déduire quelques preuves physiques.

Un corps échauffé mis en contact avec un autre de la même nature, mais froid, agit dans l'arc galvanique comme un corps plus combustible. Cela peut s'expliquer par la plus grande faculté conductrice qu'a un corps plus échauffé ; car le corps le plus combustible doit avoir une beaucoup plus forte action électrique. Ritter a aussi cru reconnaître que de l'eau mêlée avec quelques goutes d'acide muriatique, convertit, en se gelant, cet acide en acide muriatique oxigéné, en sorte qu'il pouvait dissoudre des feuilles d'or. Mais cette expérience ne paraît pas exacte, et n'a pas réussie à d'autres physiciens.

Ainsi il ne nous paraît pas nécessaire d'admettre dans la chaleur aucune prépondérance d'une des forces. Mais s'il y a quelque prépondérance des forces positives ou négatives, dans la chaleur ou dans le froid, elle consiste certainement dans les directions des activités, et non pas dans leur quantité.

Comparons maintenant notre théorie de la chaleur avec celles qui ont été adoptées jusqu'à présent. Les anciens naturalistes ayant principalement porté leur attention sur la force nécessaire à la production de la chaleur et à la vive activité qui se manifeste dans tous ses phénomènes, ont regardé la chaleur comme une suite du mouvement qui avait lieu dans les molécules des corps. Les physiciens modernes ayant au contraire considéré principalement les actions chimiques, et sur-tout cette activité secrète qui a tant de part dans la production du froid, ont adopté une matière calorifique qui peut se réunir chimiquement avec les corps, et se séparer par des forces chimiques qui peuvent tantôt être à l'état libre, tantôt à l'état latent. La première pourrait être appelée la théorie mécanique, et la seconde la théorie chimique de la chaleur. Quant à la nôtre, on pourrait l'appeler dynamique, puisqu'elle part des forces primitives. La théorie mécanique paraît au premier aperçu avoir quelque avantage sur la théorie chimique, quant à la base sur laquelle elle s'appuie; car elle part d'un fait bien constaté; savoir : qu'on développe de la chaleur en mettant en mouvement les particules intérieures des corps. La théorie chimique commence au contraire par admettre une matière colorifique, dont l'existence n'est fondée sur aucune preuve réelle; mais si l'on examine les faits dans leur ensemble, on voit bientôt que la théorie mécanique nous mènerait à des conséquences peu conformes avec la nature des choses. En effet, si nous voulons suivre avec rigueur ses principes, on devrait regarder toutes les actions chimiques comme une suite de mouvemens intérieurs. C'est même cette conséquence naturelle qui a fait triompher la théorie du calorique, lorsque les faits chimiques, bien examinés, n'ont plus permis de les déduire des propiétés purement mécaniques. Aussi, en examinant avec attention les phénomènes qui servent de base à la théorie mécanique, on voit clairement que la production de la chaleur est accompagnée de quelque mouvement ; mais il est très-arbitraire de regarder ce mouvement comme purement mécanique. La théorie dynamique ne repose sur aucun principe arbitraire ; car elle commence par prouver qu'il y a deux forces répandues dans toute la nature, lesquelles sont la base de toute action chimique, comme de toute existence mécanique. Elle démontre encore une loi d'après laquelle la réaction de ces forces produit de la chaleur. Ainsi, par cette loi fondamentale de la production de la chaleur, s'expliquent tous les phénomènes où il s'en dégage, soit par des moyens mécaniques, soit par des moyens chimiques. Les mêmes principes nous font encore reconnaître la cause de la dilatation qui accompagne toujours l'élévation de la température.

Les deux théories anciennes font voir leur origine dans la manière dont elles rendent raison des faits. Chacune de ces théories explique les faits pour lesquels elle a été inventée, ou pour s'exprimer mieux, chacune d'entr'eux nous présente les lois des phénomènes du calorique considéré sous un certain point de vue. La théorie mécanique nous fait mieux concevoir l'activité intérieure que produit l'action calorifique, comme la théorie chimique nous fait concevoir les lois des variations de température dans toutes les opérations chimiques. Il faut cependant observer que la théorie chimique a donné lieu à une exposition plus complète d'un plus grand nombre de lois que la théorie mécanique. Il n'est cependant pas vraisemblable que la supposition d'une matière calorifique y ait eu une grande influence ; car pour établir les lois du calorique libre et latent, on a été obligé d'attribuer au calorique de nouvelles propriétés qui ne sont pas une suite nécessaire de sa nature. Il ne serait pas difficile d'appliquer la théorie mécanique à ces mêmes phénomènes, et cela avec une certaine apparence d'exactitude : on pourrait dire que les oscillations intérieures deviennent plus fortes, quand les vapeurs passent à l'état liquide, ou les liquides à l'état solide ; mais que les oscillations deviennent plus faibles par les changemens opposés. On pourrait même appuyer cette explication par les analogies des oscillations sonores. D'un autre côté, l'on pourrait, à la vérité, avec plus de difficulté, modifier la théorie chimique de manière à ce qu'elle pût expliquer la production de la chaleur par les moyens mécaniques ; mais nous laisserons le soin d'introduire ces perfectionnemens dans les autres théories à ceux qui continueront de les adopter.

La théorie dynamique, qui est fondée sur une loi tirée de l'expérience, et qui déjà explique mieux les phénomènes que les deux autres, sera sans doute de plus en plus confirmée par de nouvelles recherches. Il ne faut pas oublier que cette théorie est encore, pour ainsi dire, dans son enfance. Si elle a l'avantage d'être cultivée, par autant de savans distingués que l'ont été les autres théories, les lacunes qui peuvent encore y exister seront bientôt remplies.

CHAPITRE VI.

De la production de la lumière.

Quand un corps atteint une certaine température (environ 3,35 mét. therm.), il commence par être faiblement visible dans l'obscurité; mais porté à une température un peu plus élevée, à 4 mét. therm., on l'apercevra plus distinctement. Si on l'amène ensuite à 4,6 mét. therm., il devient visible dans le crépuscule; et enfin à 5,4 mét. therm. il y aura une émission de lumière que l'on apercevra même à l'éclat du jour. Dans les premiers degrés d'incandescence, la lumière paraît rouge; et en augmentant la chaleur, elle passe au blanc par différens degrés. Cet effet n'a pas lieu seulement dans des corps dont la surface est exposée à une faible combustion, mais encore dans ceux exempts d'un tel changement. L'or, par exemple, peut être tenu en incandescence pendant plusieurs mois, et même des années entières, sans faire paraître la moindre trace d'oxidation. Si nous disons que la chaleur passe ici à l'état de lumière, nous ne ferons qu'exprimer d'une autre manière ce qui se passe.

Quand la lumière tombe sur des surfaces qui n'en réfléchissent qu'une petite partie, il y a de la chaleur de produite. Cela se voit fort clairement dans des expériences très-connues, où les surfaces noircies ou celles colorées par des teintes très-faibles, sont beaucoup plus échauffées par la lumière que les corps blancs ou les peu foncés ; et enfin ceux-ci le sont encore plus que les corps qui présentent un grand éclat. Quelle que soit la théorie que l'on adopte, on sera toujours obligé d'avouer que la lumière disparaît, comme lumière, au moment où elle agit sur les surfaces des corps, sans être réfléchie. On observe encore que la lumière, en passant par les corps, les échauffe d'autant plus, qu'elle est plus difficilement transmise. L'expression générale pour tous ces faits est que lorsque la lumière disparaît comme telle, il y a production de chaleur.

Il faut bien remarquer que les expériences sur lesquelles nous nous sommes fondés ici, appartiennent à ces expériences générales qui s'appliquent à tous les corps existans, lorsqu'on les soumet seulement aux conditions nécessaires. Le passage de la lumière à la chaleur, ou de la chaleur à la lumière, est donc incontestable, et doit être regardé comme une loi générale. Nous ne prétendons pas pour cela qu'il y ait identité absolue entre la lumière et la chaleur, ou que leur différence ne tienne qu'à une condensation ou raréfaction des mêmes rayons, ce qui serait contraire à l'expérience : nous croyons seulement pouvoir conclure que la lumière et la chaleur sont produites par les mêmes forces, mais qu'elles en sont des différentes formes d'activité.

Dans la production électrique de la chaleur, nous retrouvons la même loi, ainsi que l'on devait s'y attendre. L'action qui produit la chaleur peut aller jusqu'à l'incandescence; car l'étincelle électrique ordinaire n'est autre chose qu'une petite quantité d'air incandescente, et dans l'air raréfié, cette incandescence se répand sur un plus grand espace, mais elle est toujours la même. L'action des pointes électriques ne produit pas de la lumière par la seule électricité qui en sort, mais par l'union de celle-ci avec l'électricité opposée de l'air. Ce ne sont pas seulement les corps solides ou gazeux qui font voir ces phénomènes, mais on peut également les produire dans des corps liquides. On peut ainsi produire des étincelles dans l'eau, et plus facilement encore dans l'esprit de vin ; mais dans l'huile de thérébentine, on obtient une étincelle beaucoup plus brillante. On peut de même avec une très-forte pile voltaïque rendre incandescens les alcalis et les sels un peu humides.

Si la chaleur peut parvenir à l'état de lumière, et la lumière, de son côté, s'abaisser à l'état de chaleur ; et si enfin nous voyons dans d'autres circonstances que les mêmes forces qui produisent la chaleur sont aussi capables de produire de la lumière, on ne peut plus douter que ces deux actions, quelques différentes qu'elles paraissent, ne résultent des mêmes forces. Il est encore possible de rendre cela plus évident, en ayant égard aux phénomènes qui se passent dans la décomposition de la lumière. Mais ces faits n'ayant pas été bien conçus jusqu'à présent, il est aussi utile d'établir la discussion sur cet objet important.

Commençons par les phénomènes chimiques de la lumière qui ont fait le plus de sensation de nos jours, c'est-à-dire, par ces rayons invisibles qu'on a séparés de la lumière, en la décomposant par le prisme, et qui produisent un si grand nombre d'actions chimiques. Scheele avait déjà découvert que la lumière violette possède la propriété de noircir le muriate d'argent. Ritter vit ensuite que hors du spectre prismatique, du côté du violet, il existe des rayons invisibles qui possèdent cette action dans un bien plus haut degré. Le même physicien trouva encore que le muriate d'argent n'est pas noirci dans les rayons rouges, ni dans les invisibles qu'Herschel avait découverts de ce côté du spectre; mais il croyait encore avoir aperçu que le muriate d'argent noirci dans le rayon violet, reprenait sa couleur blanche dans le rayon rouge. La première expérience a été depuis mille fois répétée, et toujours avec succès; mais il n'en a pas été de même de la seconde, qui n'a point été confirmée. On a bien reconnu que le muriate d'argent ne noircissait pas facilement dans le rayon rouge; mais la blancheur y a cependant été un peu altérée, et l'on n'y a jamais observé que le muriate noirci y ait repris la couleur blanche. Quant aux conclusions que les deux physiciens dont nous venons de parler ont tirées de leurs découvertes, Scheele a cru que ces rayons violets avaient la propriété de phlogistiquer les corps ; et Ritter pensa que ces rayons produisaient une désoxidation, ce qui est la même chose exprimée dans des termes de la théorie moderne.

On a prétendu réfuter l'opinion de ces deux physiciens, en remarquant que le muriate d'argent ne se noircit point par une désoxidation, mais bien par la perte de son acide, ainsi que l'a prouvé M. Berthollet. On pourrait dire cependant que les deux savans précités ont seulement pensé que la force de combustibilité est prépondérante dans le rayon violet, ce qui se manifeste également par l'attraction pour un acide, et par l'attraction pour l'oxigène, ainsi que nous le voyons dans l'action de la pile électrique. On a encore opposé à ces physiciens le fait bien constaté que la lumière violette favorise la combinaison de l'oxigène de l'acide muriatique oxigéné avec le gaz hydrogène, ce qui a paru indiquer une faculté oxidante; mais pour que cet effet ait lieu, il suffit que le rayon violet possède la propriété de désoxider l'acide, dont l'oxigène doit se combiner avec l'hydrogène, avant de passer à l'état de gaz. Wollaston a trouvé que la résine de Gayac s'oxide dans le rayon violet, et se désoxide dans le rayon rouge, ce qui a porté ce grand physicien à regarder les rayons violets comme des rayons chimiques, et non point comme des rayons qui ont seulement la propriété désoxidante. Cependant cette belle expérience ne me paraît pas encore concluante, d'autant plus que l'absorbtion des rayons doués d'une grande force de combustibilité pourrait bien augmenter l'attraction pour l'oxigène jusqu'au point d'en opérer la combinaison avec la résine. Enfin Boeckmann a vu la lumière violette décomposer le gaz hydrogène phosphorique ; mais l'un de ces corps étant plus combustible que l'autre, il doit y avoir le même rapport entre eux qu'entre l'oxigène et un combustible, ou entre un acide et une base.

Les objections faites contre l'opinion de Scheele et de Ritter sur la propriété désoxidante des rayons violets ne sont donc pas concluantes. Mais de l'autre côté, il faut convenir que l'opinion de ces deux physiciens n'est appuyée d'aucune expérience qui ne permît aussi une explication contraire ; car qu'est-ce qu'une propriété désoxidante, si ce n'est une attraction pour l'oxigène et une répulsion à l'égard des corps combustibles? Mais dans ces expériences quel est le corps attiré, et quel est le corps repoussé? C'est ce qu'il n'est pas facile de décider ; car il est évident que la séparation de l'oxigène d'un corps combustible, ou celle d'un acide de l'oxide qui le retient, peut aussi bien être effectuée par une attraction pour le corps combustible ou pour l'alcali, que par l'attraction pour l'oxigène ou l'acide. Il faut donc examiner toutes les autres circonstances, avant de décider une question de ce genre.

La production de chaleur et de lumière par l'union des deux forces opposées peut être considérée comme le moyen le plus sûr de découvrir le mécanisme intérieur de ces deux phénomènes. Nous voyons dans ces expériences la seule augmentation des forces que l'on fait agir sur un corps, y produire de la lumière, au lieu de la chaleur obscure. Ainsi les forces employées sont toujours dans la même proportion. Si l'on voulait encore penser avec Ritter que la force positive augmente dans tous les corps avec la température, il faudrait attribuer cet accroissement aux forces intérieures des corps, et non point aux forces qu'on fait agir sur eux. Dans cette supposition, la force de combustibilité croîtrait sans cesse depuis le zéro absolu de température jusqu'au point où la chaleur devient lumineuse, et prend une couleur rouge, et de ce point encore jusqu'au violet, et même au-delà dans les rayons appelés chimiques où cette action finit par se soustraire non-seulement à nos sens, mais encore à nos expériences. Mais nous avons déjà remarqué, à l'occasion de nos recherches sur la chaleur, que cette hypothèse n'était pas fondée sur des preuves assez certaines, pour être admise. Cet objet demande donc de nouvelles recherches pour être mieux éclairci. Aussi nous bornerons-nous à émettre ce que nous savons avec certitude, c'est-à-dire, que l'augmentation des mêmes forces qui produisent la chaleur développe également de la lumière.

L'action calorifique dans sa pleine liberté, est ce que nous appelons la chaleur rayonnante. Elle est produite quand l'équilibre est si fortement troublé dans une molécule, que les forces séparées s'unissent immédiatement après la rupture. En même temps que les forces sont devenues libres dans un point, elles commencent à troubler l'équilibre dans l'espace environnant, ce qui donnera dans toutes les directions la forme d'action

+— +— +—.
a *b* *c*

Lorsque les forces séparées en *c* seront réunies, celles en *a* et en *b* continueront encore un instant de s'accumuler jusqu'à ce qu'elles soient parvenues à leur *maximum*, ce qui aura lieu à l'instant où les forces séparées en *c* seront parfaitement réunies. Ainsi la rupture de l'équilibre finit toujours dans un point en même temps quelle est effectuée dans le suivant, et ainsi de suite. Tant que cette activité reste faible, elle est arrêtée par-tout où l'espace est rempli par des forces intenses. C'est ce qui arrive en effet pour la chaleur rayonnante pendant tout le temps qu'elle reste peu intense. Tout corps solide ou liquide l'arrête et la change en chaleur ordinaire. Les corps gazeux sont les seuls qui lui permettent de parcourir un assez long espace avant d'être entièrement absorbée. Les rayons calorifiques d'une plus grande intensité sont aussi capables de passer plusieurs autres corps, quoique toujours avec une perte considérable. Quand l'intensité des forces dans cette action augmente au point de pouvoir passer avec une grande facilité par des corps solides et liquides, elle commence aussi à frapper l'organe de la vue; d'abord avec la couleur rouge, puis avec la couleur orangée, jaune, et jusqu'au violet, où la vitesse devient si grande qu'il affecte moins la vue, comme une oscillation mécanique trop forte n'est point appréciée par l'ouïe. Les rayons invisibles, dits chimiques, produisent une action qui échappe entièrement à nos organes, et qui ne se manifeste que par ses effets chimiques (1).

Cette théorie est parfaitement conforme avec ce que l'expérience nous apprend sur l'incandescence. Celle-ci commence, comme on le sait, toujours par la lumière rouge, et passe ensuite par un mélange de rouge et de jaune jusqu'au blanc; et dans les plus hauts

---

(1) On voit que notre théorie suppose que la lumière et la chaleur ne se propagent pas au travers d'un espace absolument vide. Si nous admettions le contraire, nous devrions en même temps considérer la lumière et la chaleur comme des matières composées des deux principes opposés, capables d'être mises en mouvement.

degrés d'incandescence, par exemple dans les étincelles que donne le fer battu dans les grandes forges, il se mêle encore au blanc un peu de bleu. L'incandescence d'un air raréfié par l'étincelle électrique, va même jusqu'au violacé.

Les phénomènes de la réfraction de la lumière sont entièrement favorables à notre théorie. Les rayons calorifiques sont en effet moins réfrangibles, c'est-à-dire doués de moins de vitesse, dans leurs oscillations, que les rayons visibles. Parmi les rayons visibles, les rouges ont leurs oscillations encore moins rapides que les orangés ou les jaunes, ceux-ci que les verts, et ainsi de suite, dans l'ordre que nous avons indiqué.

Nous avons vu dans ce qui précède que les corps les plus denses sont ceux qui interceptent le plus les rayons, soit calorifiques, soit lumineux. Dans ces mêmes corps, cependant, les ruptures de l'équilibre et leurs rétablissemens une fois commencés, doivent se suivre de plus près, parce qu'il y a dans chaque point de l'espace une plus grande quantité de forces accumulées. Ainsi, toutes choses égales d'ailleurs, les oscillations des rayons prennent la plus grande vitesse dans le milieu le plus dense. Par une application du même raisonnement, il paraît que les corps les moins conducteurs qui donnent également lieu à une plus prompte accumulation, doivent aussi causer une accélération dans les oscillations des rayons, car tous les corps transparens et combustibles sont en même temps de mauvais conducteurs, et surpassent beaucoup en propriété isolante, les isolateurs non combustibles. Nous regardons cependant toute cette explication de la réfraction seulement comme un léger aperçu qui ne pourra être confirmé que par un examen particulier que nous n'avons pas encore eu le temps d'entreprendre.

Depuis peu, on a été conduit par les expériences sur la polarisation de la lumière, à penser que les molécules de la lumière pouvaient bien avoir une forme déterminée. Ce qu'il peut y avoir de certain dans cette supposition, se déduit facilement de nos principes; car, selon nous, il y a des zones alternatives de forces positives, négatives et d'équilibre; et entre chacune de ces molécules passagères il y a un certain espace où l'action a cessé. La même chose a lieu dans la chaleur rayonnante. Il ne nous reste donc plus maintenant qu'à faire une application heureuse des mathématiques, pour déterminer, d'après ces élémens, la forme des molécules lumineuses.

Il résulte encore des mêmes principes que les rayons rouges dont l'activité intérieure les approche le plus aux rayons calorifiques, sont aussi de tous les rayons visibles ceux qui ont la plus grande faculté calorifique, tandis que les rayons violets n'ont cette faculté qu'au plus faible degré, et qu'il n'y a dans la lumière que les rayons invisibles qu'on a appelés chimiques, qui ont moins de cette propriété.

L'action chimique de la lumière peut être comparée avec l'effet de l'étincelle électrique. L'un et l'autre produisent souvent les effets les plus opposés. L'étincelle électrique détermine la combinaison de l'oxigène et de l'hydrogène, en rendant incandescentes quelques-unes de leurs molécules. La même étincelle électrique décompose une petite quantité d'eau, en la chargeant avec une plus grande quantité d'électricité que celle qu'elle peut transmettre. Ainsi chaque molécule lumineuse peut être considérée comme une étincelle électrique d'une extrême petitesse, dont l'effet ordinaire est de faciliter les décompositions. Mais en troublant l'équilibre, elle peut aussi préparer l'union d'un corps avec un autre, ainsi que le fait la chaleur.

On conçoit facilement d'après ces principes, l'analogie qui existe entre l'action de la chaleur et de la lumière. La chaleur commence par un accroissement de la mobilité chimique et mécanique des parties, ainsi que de la faculté conductrice. Tous ces effets qui marchent ensemble, rendent plus faciles les combinaisons chimiques; et cette même action qui dispose les corps à entrer en combinaison avec d'autres corps, augmente également leur tendance à la décomposition ou à la séparation de leurs parties constituantes; ce que nous avons exprimé en disant que leur mobilité chimique était augmentée.

Il y a donc, pour chaque composé, une température où la tendance des parties vers la réunion est prépondérante, et une autre où celle de la décomposition balance la tendance des corps vers leur réunion, enfin une température où cette propension des corps vers leur décomposition l'emporte sur celle qui lui est opposée. Prenons pour exemple le mercure. Dans la température qui n'est pas au-delà de son point d'ébullition, l'effet que produit l'accroissement de sa faculté conductrice et celle de l'air réuni avec sa dilatation, favorise la combinaison entre l'oxigène et le mercure. Poussée jusqu'à l'incandescence, la chaleur, ou plutôt la lumière, détruit la même composition qu'une température plus basse avait favorisée. La cause de cette décomposition ne peut pas être la seule dilatation; car, d'après une loi générale, les vapeurs du mercure gagneraient plus en extension que l'air dont on pourrait croire l'expansion capable de détruire la composition. En comparant l'action de la chaleur rayonnante et de la lumière avec celle de l'étincelle électrique, on peut facilement concevoir ce phénomène. Dans une température plus élevée, les forces opposées jouissent d'une plus grande liberté dans les molécules du corps; chacune de ces forces peut donc plus facilement s'accumuler dans l'élément qui en a besoin pour paraître dans l'état libre.

On conçoit donc que la lumière et la chaleur agissent de la même manière; et que la différence de leur action est seulement déterminée, d'un côté, par la plus ou moins grande opposition de leurs forces composantes et par la vitesse des oscillations, et de l'autre, par la résistance qu'elles rencontrent dans les corps. La résistance qu'offre immédiatement le corps, convertit la chaleur rayonnante et la lumière en chaleur ordinaire; la résistance des molécules contre la distribution de leurs forces constituantes, fait que les corps demandent des rayons plus actifs pour leur décomposition. Cela s'accorde fort bien avec les résultats qu'ont obtenus MM. Thénard et Gay-Lussac dans une belle série d'expériences sur la chaleur et la lumière; savoir, que la lumière produit une action chimique qui, dans quelques cas, doit être comparée à l'incandescence, et dans d'autres, ne peut être assimilée qu'à l'effet d'une température assez faible. On voit facilement combien ce résultat confirme notre théorie.

Dans les actions chimiques dont le résultat est la combinaison des corps les plus opposés, il se dégage le plus souvent de la lumière, comme on le voit dans la combustion. En effet, c'est principalement pendant la combustion qui s'opère dans un corps aériforme, que la lumière est presque toujours produite. Au moment où le gaz oxigène entre en combinaison avec le corps combustible, il y a une attraction très-grande des forces opposées dans un milieu rare qui conduit faiblement. Ainsi, la réunion des forces n'y produit pas seulement une chaleur obscure, mais bien une incandescence. Quant à la flamme, on la considère avec raison comme un gaz ou une vapeur en incandescence. Elle est en partie composée de la matière combustible, en partie de gaz oxigène, en partie enfin des produits de la combustion. Si des gaz se dégagent dans la combustion, une partie de la chaleur produite est absorbée, et une autre se disperse. Ceci nous fait concevoir comment la combustion lente du phosphore produit de la lumière avec si peu de chaleur. Le phosphore commence à brûler à une température un peu au-dessus du point de congélation. Dans cet état, l'air est un fort mauvais conducteur, et le peu de vapeur qui se dégage du phosphore l'est également, en sorte que toute l'atmosphère qui entoure le phosphore est un mauvais conducteur de peu de densité; elle doit donc devenir lumineuse par une très-petite quantité des forces, comme l'air dans l'étincelle électrique. La petite quantité de chaleur qui s'y produit se disperse facilement avec l'acide phosphoreux qui se dégage, comme aussi par le contact de l'air; et enfin elle se combine avec la masse solide du phosphore, dont la surface, en se réduisant en fluide, abaisse la température. On peut facilement se convaincre que c'est une suite de la dispersion du calorique, que la combustion lente du phosphore donne si peu de chaleur; car si l'on veut entasser plusieurs cylindres de phosphore l'un sur l'autre, la masse s'échauffe peu-à-peu dans cette combustion lente, et passe enfin à une combustion vive. On peut de même supposer que partout où il y a dégagement de lumière sans une chaleur sensible, cette lumière provient de l'incandescence d'une très-petite masse accompagnée d'une dispersion de chaleur.

Les différentes couleurs des diverses parties de la flamme méritent encore notre attention. Il est facile de voir cette variété de couleurs, en observant la flamme d'une masse d'alcohol brûlant sans mèche dans un vase de porcelaine ou de faïence blanche. Pour réussir dans cette expérience, on doit se mettre dans un lieu qui ne soit pas éclairé des rayons immédiats du soleil, et, pour éviter même toute cause d'erreur, il faut en entourer la flamme de papier blanc ou d'autres corps sans couleur. On voit alors la partie inférieure de la flamme d'une belle couleur violacée, tandis que plus haut elle paraît bleue ; enfin, dans la partie supérieure, elle est d'un blanc tirant un peu sur le jaunâtre. Quand l'alcohol s'est échauffé au point que le dégagement des vapeurs s'opère plus vîte, on voit un bord orangé à la partie supérieure de la flamme, et quelquefois même un bord rouge. Enfin, on découvre souvent, entre le bleu et le jaune-blanchâtre, une partie verdâtre qui n'est ni aussi distincte, ni aussi pure que les autres. Le célèbre poète allemand Goethe a voulu regarder ces couleurs de la flamme comme une illusion qui, d'après sa façon de voir, aurait son origine dans la mèche devenue noire par l'effet de l'ignition. Il veut expliquer ce phénomène par une hypothèse qui lui est particulière ; il prétend que tout corps noir, vu à travers un milieu imparfaitement transparent, doit produire une couleur bleue ou violacée, et, regardant la flamme comme un milieu d'une faible transparence, il croit avoir expliqué le phénomène dont il s'agit. Il affirme encore qu'on ne verra pas les couleurs que nous venons de désigner dans une flamme d'alcohol, quand celle-ci sera entourée de corps blancs; mais cela n'est point exact, car on ne peut obtenir de semblables résultats qu'en se servant d'une très-petite flamme, et en faisant l'expérience dans une chambre éclairée par les rayons immédiats du soleil: dans cette circonstance, la flamme est beaucoup trop faible pour laisser apercevoir des couleurs distinctes. Si l'on prend une plus grande flamme, la clarté du soleil n'empêche pas de voir des couleurs, du moins les principales. On peut aussi s'assurer que la mèche dans les chandelles ordinaires, ainsi que le charbon dans le bois brûlant, n'a aucune influence sur les couleurs de la flamme; car si l'on échauffe ces corps dans des vaisseaux clos, on peut faire passer où l'on veut les vapeurs et les gaz qui s'en dégagent, et les allumer ainsi sans aucune mèche. On voit alors, dans la flamme produite par leur combustion, toutes les couleurs que l'on apercevait dans celle d'une chandelle ou dans celle du bois brûlé. Dans la partie de la flamme la plus voisine du corps brûlant, on trouve toujours la couleur violacée ou bleue, et, dans la partie la plus éloignée, l'orangée ou la rouge. La lumière la plus forte de la flamme est ordinairement d'un blanc tirant un peu sur le jaune, tandis qu'elle est, dans le milieu, d'un vert sale. Des phénomènes analogues ont lieu dans la combustion du gaz hydrogène, qui ne contient pas du charbon, ou du moins qui n'en renferme pas une quantité sensible comme le gaz hydrogène dégagé du zinc par l'acide muriatique. Si l'on fait sortir ce gaz par un tube capillaire adapté au flacon où il se dégage, et qu'on l'allume, on en trouve la flamme presque toute rouge. En augmentant la quantité de gaz par une plus forte pression, l'on voit, dans la partie intérieure, une partie bleue et verdâtre. On peut faire cette expérience avec un flacon à deux tubulaires, dont une communique à un tube de verre, et l'autre à une vessie. Si l'on fait subitement cesser la pression sur la vessie, l'air atmosphérique entre dans le flacon, et dans ce moment la flamme devient bleue. Si l'extrémité du tuyau n'est pas capillaire, et si en même temps le dégagement du gaz hydrogène est faible, la couleur dominante de la flamme est verte. Le gaz hydrogène, dégagé par le fer et l'acide sulfurique délayés, donne les mêmes résultats. Toutes ces observations, que l'on pourrait facilement étendre, semblent indiquer comme loi générale, que la partie de la flamme dans laquelle le corps combustible domine, présente une chaleur bleue ou violacée, tandis que la partie où le principe comburent se trouve en excès est jaune ou rouge ; et celle enfin qui est en équilibre paraît verte quand la combustion est faible, et blanche quand elle s'opère avec une grande intensité. Ces phénomènes peuvent cependant être modifiés par les couleurs naturelles des corps brûlans, et méritent ainsi une étude particulière. Au reste, cette loi générale paraît extrêmement favorable à la théorie de Scheele et de Ritter, qui attribue aux rayons violets un excès de force désoxidante ; et, à la vérité, elle en est la plus forte preuve. Cependant elle ne nous paraît pas assez décisive pour admettre la théorie de ces grands physiciens. Nous nous bornerons donc à indiquer, pour les faits dont il s'agit ici, une expression qui servira à les lier avec nos autres connaissances physiques ; savoir, que les rayons les plus réfrangibles se trouvent dans la partie de la flamme qui a le plus grand pouvoir réfringent, et ainsi de suite les rayons moins réfrangibles dans les parties douées d'un moindre pouvoir réfringent.

Quand des corps très-combustibles se combinent avec l'oxigène par la voie humide; par exemple, quand un métal s'oxide dans l'acide nitrique, il y a presque toujours une très-forte chaleur, mais jamais d'incandescence. Ce phénomène s'explique facilement dans notre théorie. La réunion des deux forces opposées dans un milieu dense et meilleur conducteur que l'air atmosphérique ne peut point éprouver de si grandes oppositions que celles nécessaires à la production de la lumière. Il y a seulement un petit nombre de circonstances où la réunion des corps solides et liquides produit une incandecençe, comme la réunion de quelques alcalis bien secs avec certains acides très-concentrés. Mais alors la vitesse de la réunion et l'intensité des forces attractives est très-grande.

CHAPITRE VII.

Observations sur l'existence des forces générales dans les corps organiques.

Après avoir reconnu l'existence de deux forces dont nous avons présenté les lois dans toutes les actions de la nature inorganique, il nous reste à examiner si ces mêmes forces existent également dans la nature organique, et si elles y sont aussi généralement répandues que dans les corps inorganiques. Le but de cette recherche n'est point de trouver les lois des corps organisés, ou d'en expliquer les phénomènes, mais seulement de faire voir que les mêmes forces qui produisent tous ces effets dans un des règnes de la nature, les produisent également dans les autres.

On peut d'abord observer que l'analyse chimique démontre les mêmes élémens dans les corps organiques que dans les inorganiques. Ce fait important semble annoncer que les dernières forces chimiques doivent être les mêmes dans tous les règnes de la nature. Il est vrai que l'on pourrait objecter à ce genre de preuves que les élémens retirés par l'analyse chimique des corps organisés sont obtenus par leur destruction, en sorte qu'on pourrait penser qu'il existe dans les corps vivans d'autres forces qui échappent à nos moyens d'analyse. Loin de nous l'idée de prétendre nier ce que cette proposition a de vrai, si l'on se borne par-là à regarder les lois de la nature organique comme plus compliquées que celles de la nature inorganique. Mais prétendre que la nature organique possède des forces fondamentales toutes différentes des autres parties de la nature, ce serait adopter une proposition qui n'est nullement démontrée. Pour rendre ceci plus évident, jetons les yeux sur l'action des forces libres dans la nature organique, afin d'y trouver les effets des forces générales. Nous nous bornerons seulement dans nos recherches aux animaux; les plantes ayant été encore peu étudiées sous ce point de vue.

Une des actions que l'on peut considérer comme la plus générale de la nature animale, est sans contredit la contraction musculaire : cette contraction peut être excitée par l'électricité d'après des lois bien déterminées, et il ne faut pas pour cela supposer une force particulière dans la nature. Ritter a prouvé, il y a déjà long-temps, que l'on pouvait produire avec la pile de Volta des contractions et des cessations de contractions dans des corps inorganiques. Erman a traité la même matière, comme maître dans l'art des expériences, et l'a mise dans le plus grand jour. Lorsque les nerfs jouissent de la vie, ce sont de bons conducteurs de l'électricité, et ils peuvent produire des effets électro-galvaniques par leur contact avec les muscles. Ce fait ne conduit-il pas à penser que les nerfs n'ont pas besoin d'autres forces pour mettre les muscles en mouvement? Toutes les sensations produites par des impressions mécaniques s'expliquent fort bien par un changement dans la situation des parties ; car ces changemens doivent faire varier la force des petits cercles galvaniques qui existent entre les muscles et les nerfs. L'action galvanique, au contraire, ne peut guère être expliquée par une excitation mécanique. La sensibilité générale n'annonce donc d'autres forces que celles que nous connaissons déjà ;

mais quant à leur manière d'agir, elle est encore un mystère, et le sera probablement toujours. La sensation de la chaleur dépend certainement des mêmes forces dans la nature organique, que ses autres effets dans la nature inorganique. C'est aussi ce qu'on a toujours reconnu. Mais notre théorie pourra un jour servir à mieux expliquer les changemens de température dans les corps vivans, car l'action des nerfs semble avoir une plus grande influence sur ces changemens, et plus sensible que la respiration et les autres fonctions chimiques.

Depuis que l'on a étudié la chimie, on a remarqué que les corps organiques sont assujétis à des changemens chimiques intérieurs. Ainsi, en examinant avec attention les phénomènes des corps vivans, on a vu qu'il en était plusieurs qui pouvaient être ramenés aux simples lois chimiques. La découverte des actions chimiques sous la forme galvanique nous donne l'espoir d'aller beaucoup plus loin dans cette carrière. Le transport de plusieurs matières d'une partie du corps organique à une autre, et sans qu'on puisse apercevoir les canaux par lesquels ces matières passent, n'est pas inconcevable depuis que nous connaissons la transmission des forces chimiques par les corps solides. Les belles expériences de Davy sur le passage de plusieurs matières par des corps liquides et par les solides du règne animal et végétal, nous ont encore facilité l'intelligence de ces phénomènes. Les anatomistes parviendront sans doute un jour à déterminer ce que les organes ont d'analogue avec la construction galvanique. La belle remarque de Berzelius, que les liquides destinés à rester dans les corps sont alcalis, tandis que ceux qui doivent en être rejetés sont acides, pourra nous faire découvrir la structure propre au pôle positif ou négatif de chaque organe. Les anatomistes et les physiologistes n'ont peut-être pas encore examiné ce sujet intéressant avec assez de zèle. La pile de Volta nous présente une sorte de construction composée de corps inorganiques, dans laquelle les différentes parties concourent selon leur nature particulière, et comme autant d'organes, à former un ensemble d'activité. Peut-être peut-on se permettre de trouver entre cette construction et les corps organiques une sorte d'analogie. En effet, quelque grande que soit encore la distance entre cette faible construction et l'art infini de la nature organique, elle nous donne toujours un exemple qui peut nous faire mieux concevoir un grand nombre de phénomènes de la nature.

L'action de la pile galvanique sur les organes des sens mérite d'être étudiée. L'expérience nous prouve que le même conducteur qui fait ressortir l'acide d'un sel produit une saveur acide sur la langue, et le conducteur opposé une saveur alcaline. On aurait pu prévoir cela par la nature même des choses, d'après ce que nous avait fait connaître les expériences entreprises sur les corps inorganiques. Nous voyons du moins dans les expériences galvaniques faites immédiatement sur nos organes, que les deux forces dont nous nous sommes occupés dans tout le cours de cet ouvrage, en parcourant les nerfs dans un temps imperceptible, sont en état de provoquer les deux sensations extrêmes de saveur. Nous trouvons encore un semblable rapport pour l'organe de l'odorat : le conducteur positif y produit un sentiment pareil à celui de l'acide muriatique oxigéné, tandis que le conducteur négatif lui fait éprouver une odeur ammoniacale. Ces sensations dépendent sans doute de la décomposition des dissolutions salines contenues dans la bouche et dans le nez. Mais les expériences que nous venons de citer pourront cependant servir à nous faire mieux sentir cette vérité, que les sensations produites par les affinités chimiques, dépendent toutes de ces forces générales dont nous cherchons à démontrer par-tout l'activité. Quand on met l'organe de la vue en contact avec le pôle positif de la pile, et que l'on établit en même temps une communication avec une autre partie du corps et le pôle opposé de la pile, on aperçoit après quelques minutes de communication tous les corps avec une couleur bleuâtre. Le conducteur positif fait au contraire apercevoir une lumière rouge, et ainsi l'action de la pile électrique produit dans l'œil les extrêmes des couleurs prismatiques. Il faut remarquer que, dans ces expériences, le nerf optique est en communication plus parfaite avec le conducteur positif, pendant que l'extérieur de l'œil se trouve en contact avec le conducteur négatif; car le fluide de l'œil doit, comme tous les fluides, avoir moins de faculté conductrice que les parties solides du corps vivant. La couleur rouge, comme nous l'avons déjà vu au sujet de la flamme, sans cependant donner d'explication décisive à ce phénomène, accompagne donc la force positive, et le bleu la force négative. Mais à l'instant où l'on n'est plus en communication avec la pile électrique, on en éprouve toutes les actions en ordre inverse. Ainsi, par exemple, la saveur acide succède à la saveur alcaline, etc. Ce phénomène tient peut-être à ce que les nerfs attirent un peu d'oxigène ou d'hydrogène pendant leur communnication avec la pile, et forment ainsi de nouvelles actions galvaniques, quand l'action de la pile a cessé. Le nerf qui a été hydrogéné pendant la communication, doit ensuite, comme corps plus combustible, attirer l'oxigène, et celui qui s'est oxidé auparavant, doit attirer l'hydrogène. Ritter a encore observé que l'ordre des actions galvaniques est renversé, quand on augmente de beaucoup la force de la pile. Le fait est bien constant; mais son explication n'est pas facile. On peut seulement remarquer en général qu'une très-forte action électrique peut agir par communication dans les mêmes circonstances où une électricité plus faible n'agissait que par distribution.

Mais avant de quitter cet objet, observons encore que le fait bien démontré de l'épuisement de l'excitabilité des nerfs par l'action d'une cause excitante quelconque, s'explique facilement d'après nos principes. Ce phénomène dépend d'une loi beaucoup plus générale, c'est-à-dire, que la résistance contre la force d'une certaine espèce devient d'autant plus grande, que la prépondérance de cette même force augmente dans le corps, et que l'attraction pour la force opposée augmente dans la même raison. Il faut donc aussi penser qu'il existe deux espèces opposées d'excitateurs; car s'il en était autrement, le rétablissement de l'électricité serait inconcevable.

Ces observations peuvent peut-être suffire aux chimistes pour reconnaître combien l'action des forces générales se trouve répandue dans les corps organiques, et le physiologiste y verra probablement dans l'ensemble de ces phénomènes de nouvelles preuves de cette vérité.

CHAPITRE VIII.

Du Magnétisme.

Pour prouver la généralité des forces dont nous avons parlé, nous ne pouvons passer sous silence le magnétisme. On a toujours été tenté de comparer les forces magnétiques avec les forces électriques. La grande ressemblance entre les attractions et les répulsions électriques et magnétiques, et la similitude de leurs lois devaient nécessairement produire cette comparaison. Il est vrai qu'on n'y a rien trouvé de comparable avec l'électricité par communication ; mais les phénomènes observés avaient tellement d'analogie avec ceux qui dépendent de la distribution de l'électricité, qu'on ne pouvait pas y trouver la moindre différence. Il était en effet possible de comparer les actions magnétiques avec les effets produits par une bouteille de Leyde récemment déchargée, et privée de son armature métallique. C'est une chose reconnue qu'une semblable bouteille de Leyde ne peut point donner de l'électricité par communication, mais seulement par distribution. On observe aussi, lorsqu'on a chargé par électricité une plaque composée de lames minces, après les avoir séparées, une polarité électrique dans chaque lame, comme on découvre une polarité magnétique dans chaque fragment d'un aimant.

Il est cependant un phénomène qui paraît contraire à cette opinion; c'est que les corps électriques agissent sur les corps magnétiques, comme s'ils n'étaient animés d'aucune force particulière. Il serait très-intéressant pour la science de lever parfaitement cette difficulté; mais l'état présent de la physique n'ayant pas encore fourni des faits suffisans pour cela, nous ferons du moins voir qu'il ne s'agit ici que d'une difficulté, et non point d'un fait absolument contraire à l'identité des forces électriques et magnétiques; car nous voyons dans l'électricité par frottement et dans celle par contact des phénomènes analogues. Ainsi l'on peut changer la tension d'une pile électrique, en approchant un tuyau de verre frotté, et néanmoins l'action chimique n'est nullement différente. Une longue colonne d'eau ou un fil de lin ou de laine mouillé supporteront même un changement dans leur électricité, sans éprouver d'autres changemens chimiques que ceux qu'ils avaient subis auparavant. Il paraît donc que les forces peuvent se croiser sans se troubler, quand elles agissent sous des forces d'activité différentes. La forme d'activité galvanique tient le milieu entre la forme magnétique et la forme électrique. Les forces y sont plus latentes que dans l'électricité, et moins que dans le magnétisme. Il est donc vraisemblable que les forces électriques exerceront, en les croisant, une influence moindre sur les forces magnétiques que sur les forces galvaniques. Dans la pile galvanique, c'est l'état électrique qu'elle a, comme ensemble de forces, qui se trouve changé par l'approche du tuyau de verre : de même, ce n'est point cette distribution intérieure des forces qui constitue le magnétisme, qu'on peut changer par l'électricité, mais c'est l'état électrique qui convient à l'aimant comme corps en général. Au reste, nous ne prétendons rien décider à cet égard ; nous avons seulement voulu éclairer, autant qu'il est possible, un sujet si obscur. Mais, dans une question aussi importante, nous serons satisfaits, si l'on juge que l'objection principale contre l'identité des forces qui produisent l'électricité et le magnétisme, n'est qu'une difficulté et non une chose qui lui soit contraire.

Ritter a cru trouver plusieurs autres analogies entre le magnétisme et le galvanisme. Il a même voulu remarquer une différence entre l'attraction pour l'oxigène du pôle du nord et du pôle du sud, de même qu'une faculté d'exercer une action galvanique sur les nerfs d'une grenouille convenablement préparés. Il faut cependant avouer que ces phénomènes se présentent d'une manière si vague, qu'on a bien de la peine à s'en assurer. Une autre analogie proposée par le même physicien, a été confirmée depuis par le rapprochement d'un grand nombre d'observations. Ce physicien croyait que l'aurore boréale et australe, était une lumière magnétique; un mathématicien danois, Hansten, a prouvé depuis que la terre a quatre pôles magnétiques, comme l'avait déjà prétendu Halley, et il a déterminé leurs lieux par différens temps. Il a trouvé que les lumières pôlaires se font toujours voir dans leurs plus grandes forces autour de ces quatre pôles magnétiques, et que ses rayons sont parallèles à l'aiguille d'inclination.

On pouvait encore ajouter à ces analogies que l'acier perd son magnétisme par la chaleur; ce qui prouve que l'acier devient meilleur conducteur par l'élévation de la température, ainsi que le font les corps électriques. On trouve aussi que le magnétisme existe dans tous les corps de la nature, comme l'ont prouvé Bruckmann et Coulomb. Par cela, on sent que les forces magnétiques sont aussi générales que les forces électriques. Il faudrait essayer si l'électricité, dans son état le plus latent, n'a aucune action sur l'aimant, comme tel. Cette expérience ne serait pas sans difficulté, parce que l'action électrique doit toujours s'y mêler et rendre les observations très-compliquées. En comparant ensuite les attractions pour les corps magnétiques et les corps non magnétiques, on pourrait peut-être obtenir quelques résultats.

CHAPITRE IX.

Considérations sur les théories dans les sciences expérimentales, et résumé des principes du système dynamique.

Il n'est que trop ordinaire, lorsqu'il s'agit d'établir une nouvelle théorie, de s'apesantir sur les défauts de celles qu'on vient d'abandonner, et de n'en pas reconnaître le vrai mérite. On veut bien leur accorder l'avantage accidentel d'avoir occasionné la découverte d'un grand nombre de faits, qu'on croit enfin être parvenu à expliquer avec exactitude; mais on ne leur accorde pas facilement le mérite d'avoir contenu des vérités théoriques : celles-ci semblent entièrement appartenir au dernier venu. Cette ingratitude envers les prédécesseurs, qui se punit toujours elle-même dans la génération suivante, a fait presque passer en proverbe la proposition « qu'il n'y a rien de constant dans les sciences que les faits. » On porte ainsi une sorte de condamnation sur toutes les théories, comme sur un pur jeu d'esprit sans réalité. Néanmoins les savans s'y livrent toujours de nouveau et ne se rebutent pas, quoiqu'ils soient assez souvent obligés de modifier leurs théories, et même de les changer dans des points importans. Cette contradiction entre les maximes qu'on reconnaît et celles qu'on met en pratique, ont dû souvent embarrasser ceux qui, quoiqu'amis des sciences, n'ont pu entièrement pénétrer leur esprit et suivre leur marche. Il est vrai que les savans qui ont le plus contribué aux progrès des sciences, ont fait voir par leurs créations mêmes, qu'il faut chercher les faits comme la base nécessaire d'une bonne théorie, et la théorie comme le seul moyen de concevoir la nature qui nous présente une infinité de faits, dont nous ne pouvons examiner en détail qu'un fort petit nombre. Cependant les déclamations vagues contre les théories en général, se répètent encore tous les jours, et ne laissent pas d'influer beaucoup sur le jugement que portent sur les nouvelles théories, non-seulement le public, mais encore ceux mêmes desquels on devrait attendre une critique plus approfondie. Qu'il nous soit donc permis de mettre dans son vrai jour la maxime qu'on oppose à toutes les nouvelles théories qui ne préviennent pas en leur faveur par quelque *titre de naissance.*

L'abus qu'on fait des vérités qui ont donné l'origine à ce principe « qu'il n'y a rien de constant dans la science que les faits », dépend de ce qu'il a d'inexact, j'oserai dire de bizarre, dans son expression. Il ne faut pas oublier que les sciences ne nous présentent point les faits, mais nos observations sur les faits. Or, dira-t-on avec quelque assurance, que nos observations sont d'une vérité constante? L'histoire des sciences, l'expérience journalière même, le démentirait. Ce qu'on présente dans les sciences comme le fait le plus simple, est encore bien composé, et n'est qu'un résumé d'un assez grand nombre de raisonnemens sur des faits simples ; car le fait s'observe toujours sur un ou plusieurs individus, mais la science ne nous parle pas d'individus, elle nous présente l'observation comme faite sur l'espèce ; composée d'une infinité d'individus. Si l'on dit, par exemple, que le carbonate de chaux est composé de 0,565 de chaux, 0,435 d'acide carbonique, quelle complication d'idées sous l'apparence de la plus grande simplicité! combien de

16

comparaisons n'a-t-on pas dû faire seulement pour reconnaître ce qu'ont de commun toutes les pierres calcaires dont on tire la chaux; et plus encore pour découvrir ce qu'ont de commun tous les corps dont on tire les réactifs qui nous font distinguer la chaux de tant d'autres bases salifiables! En un mot, quel est le point de perfection auquel devait parvenir la chimie, pour indiquer ce que c'est que la chaux pure? C'est aussi bien longtemps après avoir reconnu les premiers indices de l'acide carbonique, que les chimistes sont arrivés au point d'en reconnaître les principaux caractères, et d'en déterminer les quantités dans ses composés. Le même raisonnement s'applique à tout ce qu'il a plu d'appeler faits en chimie; il n'y en a pas de simple: si l'on veut parler exactement, il faut dire qu'ils sont les généralités les plus simples qu'on ait pu admettre dans la science.

Tout ce qu'il y a de certain dans ce qu'on a dit en l'honneur des faits, c'est que toutes nos recherches dans les sciences naturelles commencent par l'observation des faits, et qu'ils font la base de toutes nos théories. Mais le premier pas dans la science est déjà une généralisation, et tous les pas suivans sont encore des généralisations d'un ordre plus élevé.

Il est bien naturel qu'on ne se trompe pas si facilement dans les généralisations les moins compliquées, que dans celles qui le sont davantage. Mais cette vérité ne contient rien qui doive nous empêcher de nous élever aux plus hautes généralités; elle nous apprend seulement à être circonspect dans cette tâche difficile.

Il faut encore ajouter que des généralités bien entendues nous font souvent mieux concevoir un grand nombre de faits, et nous mettent en état de les présenter avec plus d'exactitude. Elles se convertissent en lois pour les faits qu'on n'a pas encore examinés, qu'on ne connaît même pas encore. Ces lois nous font souvent embrasser dans une pensée fort simple un si grand nombre de faits, que la mémoire la plus étonnante ne suffirait pas pour les embrasser s'ils restaient isolés.

D'après tout ce que nous venons d'exposer, les sciences naturelles consistent en un rapprochement continuel des faits, qui a pour but de parvenir à des lois générales et rigoureuses qui nous font non seulement embrasser avec facilité tous les faits connus, mais, ce qui est plus encore, nous en font connaître une foule qui nous seraient d'ailleurs restés inconnus. Ce sont ces rapprochemens, ces lois, qui constituent le fond des sciences naturelles, et qui doivent être regardés comme ce qu'elles ont d'assez constant. Pour découvrir le vrai mérite d'une théorie, il faut donc demander quels sont les rapprochemens heureux qu'elle nous a fait faire, et quelles sont les lois qu'elles nous a fait connaître.

Quelques exemples feront mieux concevoir ces principes. Ainsi le mérite essentiel du système de Francklin ne dépend pas de l'existence de la matière imperceptible qu'il regarde comme la cause des phénomènes électriques. Qu'on doute de sa réalité, ou qu'on admette deux matières au lieu d'une ; cela a peu d'influence. Rien n'est plus facile, et n'est moins utile aux progrès des sciences, que d'imaginer une ou plusieurs de ces matières inconnues, qu'on admet sans jamais les démontrer. Mais la loi qu'a découverte Francklin, au moyen de laquelle on peut concevoir et même souvent calculer un si grand nombre de phénomènes électriques, fait le point essentiel de son système. Il serait également injuste de regarder comme réfutées toutes les théories qui ont supposé une matière calorifique, parce qu'on croit avoir quelque raison de nier l'existence d'une telle matière. Il faudrait, pour cela, avoir oublié les belles lois des variations de température, qui ont lieu quand les corps changent leur état ; lois qui sont, pour ainsi dire, des créations de ce système. C'est encore la même erreur qui a porté plusieurs chimistes modernes à parler avec tant de mépris du système phlogistique. A les entendre, on croirait que tout le mérite de ce système, comme théorie, devait subsister ou périr avec le phlogistique. Cependant si l'on enlève au système du célèbre Stahl ce principe imaginaire, n'y reste-t-il pas d'autre chose que les faits ? ou ne faut-il pas, au contraire, avouer qu'il nous reste encore cette grande loi de l'antagonisme entre la combustibilité et l'état brûlé, ainsi qu'une foule de lois secondaires qui en dépendent ? Ainsi, pour en citer des exemples, la loi établie par Bergmann, que les capacités des chaux métalliques pour les acides, est en raison de leur déphlogistications, n'a besoin que d'être traduite dans un autre langage, pour nous indiquer que les capacités des oxides métalliques pour les acides, sont en raison de leurs oxidations. La théorie de Crawford sur la respiration, contient la loi que cette opération est une sorte de combustion, ou une diminution de la combustibilité ; et cette loi est reconnue vraie encore, quoique nous appelions oxidation ce qu'il appela déphlogistication. La loi enfin que les corps perdent de leur combustibilité à mesure qu'ils sont brûlés, était aussi bien connue de ceux qui appelaient la combustion une déphlogistication, que de ceux qui l'appelaient une oxidation. Ce n'est pas que la théorie pneumatique n'ait donné une nouvelle clarté et une nouvelle exactitude à ces lois ; mais elles existèrent cependant dans l'ancien système, et elles n'ont eu besoin que d'être traduites en d'autres termes, quand on eût seulement découvert le changement à faire dans la loi fondamentale.

On voit par tout cela que la théorie pneumatique a reçu les lois chimiques les plus remarquables du système phlogistique, et n'est pas une nouvelle création, comme on a souvent voulu le faire croire ; mais il a le grand mérite d'avoir mieux déterminé la force opposée à la combustibilité, que l'ancien système, en établissant cette loi, que la combustion est le résultat d'une combinaison de certains corps avec l'oxigène, et non pas une décomposition, comme on l'avait auparavant supposé. C'est-là le principe, fécond en lois secondaires, qui a répandu tant de lumières sur toutes les parties de la chimie. Si l'on a donné trop d'étendue à quelques-unes de ces lois, ce n'est que par une suite de la nature des choses; et on peut en dire autant de toutes les théories qui ont été faites, ou qui se feront encore.

Toutes les lois exposées dans les systèmes précédens entrent de même dans le nôtre, en partie sans subir aucun changement, en partie ou étendues ou corrigées par leur liaison avec les lois qui ont été découvertes dans les dernières années. Comme, dans le cours de nos démonstrations, il ne nous a pas été toujours possible d'exposer ces lois dans toute leur pureté, c'est-à-dire sans aucun mélange de principes moins incontestables, nous donnerons ici un résumé très-succinct des lois principales qui forment notre système, soit qu'elles aient été découvertes par d'autres physiciens, soit que nous les ayons trouvés dans les recherches que nous venons de terminer, et que voici :

Il y a deux forces opposées qui existent dans tous les corps, et qui ne peuvent jamais leur être entièrement enlevées. Chacune de ces forces a une action expansive et répulsive dans le milieu où elle domine ; mais elles s'attirent et produisent une contraction, lorsqu'elles réagissent l'une sur l'autre. L'action la plus libre de ces forces donne les phénomènes électriques. Ces forces peuvent être condensées, retenues dans un certain espace, et même rendues entièrement latentes, l'une par l'attraction de l'autre.

Leur passage d'un point à un autre, est d'autant plus difficile, que leur quantité est plus grande, et leur intensité plus petite. Mais lorsqu'elles sont à-la-fois faibles, en grande quantité et latentes ou presque latentes, elles cessent d'être transmises même par le contact, si ce changement n'est point favorisé, ou par l'intervention de forces très-intenses, ou par une augmentation de la faculté conductrice.

C'est dans cet état, où les forces sont trop latentes pour produire des phénomènes électriques, qu'elles constituent les propriétés chimiques des corps. La manière dont ces deux forces sont disposées, et l'état de cohésion et de conductibilité qui en provient, ainsi que le degré de prépondérance d'une des forces sur l'autre, forment les principales différences qui existent entre les corps. La quantité de la force prépondérante est toujours très-petite, en comparaison de celles qui sont en équilibre dans le corps.

(L'expression de cette dernière loi, ou, pour mieux dire, de cet ensemble de lois, n'est peut-être pas assez précise ; toutes les circonstances qu'elle embrasse ne pouvant pas encore être soumises à une analyse exacte ; mais ce qui en est le point essentiel, c'est que les forces chimiques sont au fond les mêmes que les forces électriques, seulement sous une autre forme d'activité : et cela est prouvé par deux séries de recherches, qui se confirment mutuellement.)

Les forces qui agissent comme propriétés chimiques, ou, en d'autres termes, comme affinités, existent dans les corps sous trois formes principales, qui nous donnent trois séries d'affinités : celle des corps non brûlés, celle des corps brûlés, enfin celle des corps salins.

Dans chacune des deux premières séries, il y a des corps antagonistes distingués par l'excès de l'une ou de l'autre des deux forces. La combinaison entre des corps semblables ne les fait point sortir de leur série d'affinité, tandis que la combinaison des corps antagonistes les fait passer dans la série suivante.

La même force qui produit la combustibilité dans la première série, fait naître dans la seconde l'alcalinité; et la force qui dans la première classe est comburente, donne dans la seconde l'acidité. Ainsi tout corps brûlé contient à-la-fois de l'alcalinité et de l'acidité, dont l'une est souvent trop faible pour être reconnue.

L'intensité des forces alcalines et acides dépend de l'excès de la force dominante, et de la liberté dont elle jouit; leur quantité, ou ce qui revient au même, leur capacité pour le corps antagoniste, dépend au contraire, dans les alcalis, de la quantité de force comburente, et paraît dépendre, dans les acides, de la quantité de force de combustibilité.

La grandeur d'une action chimique doit être en raison composé de l'intensité et de la quantité des forces, abstraction faite cependant des circonstances favorables ou défavorables à la combinaison, comme la chaleur, l'état de cohésion, etc.

Toutes les fois qu'il y a union des deux forces dans des circonstances où elles ne peuvent pas être parfaitement conduites, il y a production de chaleur, soit qu'on réunisse des forces électriques dégagées par nos appareils, soit qu'on les fait s'unir au moment où elles se dégagent, comme dans le frottement, soit enfin qu'on les mette en réaction par des combinaisons chimiques.

Lorsque la faculté conductrice d'un corps diminue, il y a de même un dégagement de chaleur.

Lorsqu'au contraire la faculté conductrice augmente, il en résulte un abaissement de température.

La propagation de l'électricité étant effectuée par un trouble de l'équilibre des forces naturelles dans les corps, et ce trouble devant être d'autant plus grand, que la transmission est plus violente; la chaleur, qui n'est qu'un effet d'une telle transmission, doit consister en un trouble de l'équilibre.

L'équilibre des forces est toujours accompagné d'une contraction ; ainsi le trouble qu'y porte l'action calorifique doit diminuer la contraction, c'est-à-dire dilater les corps.

La dureté, la fragilité, la solidité ayant pour cause une certaine direction des forces intérieures, ou, si l'on veut, une situation déterminée des molécules des corps, ces propriétés doivent être affaiblies, et enfin vaincues par le trouble d'équilibre qui produit la chaleur.

C'est encore par ce même trouble de l'équilibre que les corps deviennent, en général, par l'élévation de la température, plus décomposables, plus propres à entrer en combinaison avec d'autres, et en même temps de meilleurs conducteurs pour les forces électriques.

L'action calorifique peut passer en état de lumière, et *vice-versâ*, l'action lumineuse peut passer en état de chaleur.

L'action calorifique approche plus de l'état de lumière, à mesure que la réaction des forces y devient plus intense ; ce qui suppose aussi une plus grande vîtesse. Les vîtesses des rayons calorifiques, lumineux et chimiques, suivent, d'après nos principes, comme d'après ceux de l'optique, l'ordre de leurs refrangibilités.

Nous avons aussi tâché de déterminer le mécanisme intérieur de la chaleur et de la lumière. Les lois de la propagation de l'électricité nous ont fait conjecturer que ces deux actions consistent en une sorte d'oscillation dynamique, c'est-à-dire, que la résistance du milieu produit d'abord une accumulation des forces opposées, dans chaque molécule, et puis un rétablissement de l'équilibre. Quelque solides que nous paraissent les principes sur lesquels nous avons établi cette opinion, nous ne la regardons pas cependant comme certaine, puisqu'il est très-possible que des circonstances qui peuvent y avoir une grande influence, aient échappé à nos recherches.

Tous les phénomènes de la combustion et de la neutralisation ne sont que des cas particuliers qui se rangent facilement sous les lois que nous avons établies. L'un et l'autre ne sont qu'un rétablissement de l'équilibre. Il y a, proprement dit, trois opérations de ce genre, qui ne sont que trois différens degrés d'une même action. Le premier degré est l'union des forces libres. Lorsqu'elles éprouvent quelque résistance dans leur union, elles produisent les phénomènes de la lumière et de la chaleur, condensent ces deux forces d'abord très-expansives, et font qu'elles disparaissent ou deviennent latentes. Le second degré est la combinaison entre un corps combustible et un corps comburent. Cette opération produit aussi, lorsqu'elle est assez intense, de la lumière et de la chaleur : elle produit également une condensation, et fait disparaître ou devenir latentes des forces auparavant plus libres. La neutralisation consiste enfin dans la combinaison entre un alcali et un acide. Lorsque l'union est effectuée par des forces très-intenses, elle produit encore quelque lumière, mais toujours elle développe de la chaleur. Son effet primitif est aussi, autant qu'il nous a été possible d'en juger, une contraction; mais c'est une règle sans exception, que cette union rend les forces plus ou moins latentes.

Nous connaissons également trois degrés de décompositions simples. La première est la rupture de l'équilibre électrique par une force libre. Celle-ci, par son attraction pour la force opposée, rend déjà libre, jusqu'à un certain point, une force semblable à elle-même ; mais on observe qu'elle la rend parfaitement libre, en s'unissant avec la force opposée. C'est exactement ce qui arrive aussi lorsqu'on enlève une portion ou la totalité de l'oxigène d'un corps brûlé par l'attraction d'une substance combustible ; et c'est encore la même opération, lorsqu'on met en liberté l'alcali d'un sel, par l'action d'un autre alcali, qui attire l'acide et tend à faire disparaître la force qui lui faisait retenir le premier alcali.

Nous n'entrerons pas dans un plus grand détail. Ce que nous venons de voir suffit pour prouver que les principes que nous avons tâché d'établir, composent un système de lois qui sont tellement liées entre elles, qu'on pourrait dire qu'elles sont toutes renfermées dans une grande loi, qui cependant n'a pas encore été assez étudiée pour être énoncée avec cette simplicité et cette exactitude qu'elle exige. Il est de même évident que, sauf quelques changemens, les lois que nous venons d'exposer n'éprouveraient pas d'atteinte, si l'on parvenait, ou à ramener nos deux forces à deux formes différentes d'une seule activité, ou à prouver qu'elles dépendent de deux matières impondérables, ou si même on n'en devait admettre qu'une seule.

Nous croyons encore qu'il est inutile de faire remarquer que dans toutes ces recherches, par lesquelles nous avons voulu établir la théorie que nous venons d'exposer, il ne s'agissait point de renverser le système qui a eu les suffrages de tant de savans contemporains ; mais qu'il s'agissait seulement de l'étendre et de le perfectionner par les nouvelles découvertes. Il ne faut que jeter un coup-d'œil sur les différens systèmes qui ont existé dans la chimie, pour voir combien est naturelle la marche qu'a prise la science dans son développement. Dès que la chimie prit une forme un peu régulière, elle commença par regarder la combustion comme le point central de tout le système. Mais il n'y avait que les corps solides et liquides, dont on avait une connaissance assez détaillée et exacte, pour en former la base d'une théorie. Ce fut aussi sur la connaissance de ces corps, principalement des corps métalliques, qu'on établit le premier système de quelque étendue qui ait régné dans la chimie. Les essais qu'on fit en même temps d'établir un système sur la connaissance des corps gazeux, n'eurent aucun succès dans le public, quoiqu'ils fussent en eux-mêmes assez heureusement inventés ; mais le peu de connaissance qu'on eut encore des gaz, rendit son application trop difficile. Ce ne fut qu'après un examen beaucoup plus approfondi de ces corps, qu'on parvint à fonder la nouvelle chimie, qu'on a avec raison appelée la *pneumatique*, marquant, par le nom même, qu'elle était allée plus loin que le système précédent, qui ne s'occupa, comme théorie, que presque seulement des corps plus condensés. Les fondemens du système que nous présentons ici, ont été jetés par les découvertes électriques du dernier siècle. C'est des forces qui, dans leur liberté, échappent à tous nos réactifs chimiques, que nous avons fait la base de notre théorie, ce qui nous a aussi donné lieu de l'appeler le système *dynamique*.

Nous terminerons par cette observation, que la chimie, enrichie de tant de nouvelles découvertes, doit maintenant s'emparer de plusieurs chapitres de la physique qu'elle a jusqu'à présent ou partagés avec cette science, ou qu'elle lui a entièrement abandonnés. (Telles sont les recherches sur l'électricité, le magnétisme, la chaleur et la lumière.) Peut-être suivrait-on encore mieux le développement de la science, en réunissant en une tout ce qu'on a jusqu'ici appelé physique ou chimie. On définirait donc désormais la physique comme la science des lois générales de la nature, et on la diviserait en deux grandes parties, celle qui contient les lois du mouvement, et celle qui nous présente les lois des forces intérieures. On pourrait appeler la première de ces deux parties la partie mécanique, et l'autre la partie dynamique, ou bien la *Dynamologie*.

C'est ainsi que les sciences, dans tous les grands changemens qu'elles subissent, s'élèvent, s'étendent, et acquièrent une plus grande solidité dans leur construction intérieure. Nous voyons qu'il y a, malgré toutes les incertitudes, dans la science, une marche sûre vers le mieux. Aucun travail, aucune bonne pensée n'y sont perdus; tous les efforts tendent à un même but, celui de parvenir à une plus profonde science. Cette idée doit nous consoler, si d'ailleurs nous ne pouvons pas nous défendre d'un sentiment pénible, en comparant ce que nous avons trouvé à ce que nous avions tâché d'atteindre.

FIN.

TABLE
DES MATIÈRES
Contenues dans cet ouvrage.

PRÉFACE DU TRADUCTEUR, page j

INTRODUCTION. But et plan de l'ouvrage. Notice sur les essais antérieurs tendans au même but, page 1

Post-scriptum. Travaux de l'auteur sur la théorie chimique, 12

CHAP. PREMIER. De la méthode à suivre dans la classification des corps inorganiques, considérés d'après leur nature chimique, 21

CHAP. II. Des forces chimiques, 75

CHAP. III. De l'action des forces dans le cercle chimique, 111

CHAP. IV. Des forces électriques considérées comme des forces chimiques, 125

CHAP. V. De la production de la chaleur et de ses lois, 143

CHAP. VI. De la production de la lumière, 201

CHAP. VII. Observations sur l'existence des forces générales dans les corps organiques, 225

CHAP. VIII. Du magnétisme, 234

CHAP. IX. Considérations sur les théories dans les sciences expérimentales, et résumé des principes du système dynamique, 259

FIN DE LA TABLE.

TABLE
DES MATIÈRES
Contenues dans cet ouvrage.

Préface du traducteur, page j

Introduction. But et plan de l'ouvrage. Notice sur les essais antérieurs tendans au même but, page 1

Post-scriptum. Travaux de l'auteur sur la théorie chimique, 12

Chap. premier. De la [illegible] dans la classification des corps inorganiques, considérés d'après leur nature chimique, 24

Chap. II. Des forces chimiques, 75

Chap. III. De l'action des forces dans le cercle chimique, 111

Chap. IV. Des forces électriques considérées comme des forces chimiques, 135

Chap. V. De la production de la chaleur et de cohésion, 175

Chap. VI. De la production de la lumière, 201

Chap. VII. Observations sur l'existence des forces générales dans les corps organiques, 225

Chap. VIII. Du magnétisme, 254

Chap. IX. Considérations générales dans les sciences expérimentales, et sur les principes du système dynamique, 259

FIN DE LA TABLE.

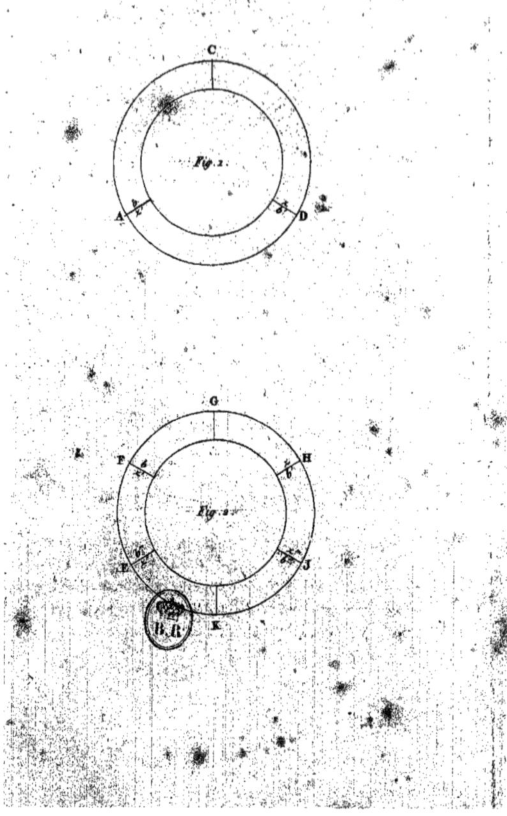
C
Fig. 2.
A
D
G
F
H
Fig. 3.
E
J
K
B.R.

Défauts constatés sur le document original

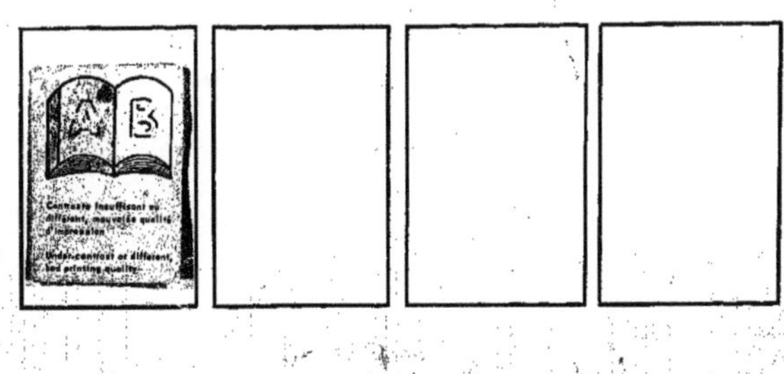

www.ingramcontent.com/pod-product-compliance
Ingram Content Group UK Ltd.
Pitfield, Milton Keynes, MK11 3LW, UK
UKHW021904260726
13966UKWH00006B/509

9 782011 950314